青少年的第一本创新启蒙书

小白同学

创新初体验

吴 隽　姚海霞　邓白君
吴佳龙　刘 奇　杨长军　编著
黄绮敏　李葆文　徐 婷

机械工业出版社
CHINA MACHINE PRESS

图书在版编目(CIP)数据

小白同学创新初体验:青少年的第一本创新启蒙书 / 吴隽等编著. —北京:机械工业出版社,2021.11
ISBN 978-7-111-69750-3

Ⅰ.①小… Ⅱ.①吴… Ⅲ.①创造学—青少年读物 Ⅳ.①G305-49

中国版本图书馆CIP数据核字(2021)第257075号

机械工业出版社(北京市百万庄大街22号 邮政编码100037)
策划编辑:张潇杰　　　　责任编辑:张潇杰
责任校对:孙莉萍　王　延　封面设计:吕凤英
责任印制:张　博
保定市中画美凯印刷有限公司印刷
2022年1月第1版第1次印刷
260mm×184mm・14.75印张・360千字
标准书号:ISBN 978-7-111-69750-3
定价:65.00元

电话服务　　　　　　网络服务
客服电话:010-88361066　机　工　官　网:www.cmpbook.com
　　　　　010-88379833　机　工　官　博:weibo.com/cmp1952
　　　　　010-68326294　金　书　网:www.golden-book.com
封底无防伪标均为盗版　机工教育服务网:www.cmpedu.com

本书把创新过程的关键知识以通俗易懂的文字呈现,并配有大量的创新案例。通过阅读本书,读者可以掌握创新的基本理论知识,了解创新流程包含哪些步骤,在每一个步骤应该做些什么以及怎么做。读者按照书中的操作步骤实施,就可以完成一次次创新,体会创新的快乐。

本书配有一系列漫画,生动呈现了主人公在创新实践中摸索、尝试,遭遇烦恼、挫败,克服困难获得阶段性成长与收获,并最终成功的故事,让读者有一种身临其境的感觉,并留下深刻的印象。

本书既可以作为青少年读物,也可以作为教师指导学生进行创新的教材,家长也可以和孩子共同阅读,一起体验创新的乐趣。

前言 Preface

创新能力是国家核心竞争力的重要组成要素，"创新"已成为当今时代的鲜明特征。如何开展创新教育，训练学生的创新意识、思维和能力，培养适应时代发展的创新型人才，是当前举国上下尤其是教育界重点关注的问题。创新教育逐渐由精英教育向普及教育延伸，并逐步从大学走向中学。面向中学生的创新大赛，如全国青少年科技创新大赛、中国国际"互联网+"创新创业大赛萌芽赛道等，越发受到广泛关注。然而，当前专门针对中学生的创新启发、创新能力训练的书籍并不多见。如何用科学的方法提高孩子的创新精神，如何用有趣的方式帮助青少年体会创新乐趣，是当前的重要任务。

我们认真地观察了华为、美的等创新型企业的新产品开发，发现创新成果并非源自工程师的灵光乍现，而是源自创新方法论指导下有步骤、有技巧的系列活动。回顾近20年以来关于创新和创业的理论发展，阿奇舒勒教授提出的TRIZ理论、萨阿斯瓦斯教授提出的效果推理（Effectuation）理论及后来的精益创业理念等，都对创新创业活动有着深远的影响。面向青少年的创新教育，一方面要遵循创新活动的内在规律，提供行之有效的工具；另一方面也要与他们的知识范围与理解能力相匹配。

为了帮助青少年顺利完成创新体验并使创意变成现实，我们开发了简单易用的PIRT创新方法论。PIRT创新方法论，包含发现问题（Problem Discovery）、创新方法（Innovating Method）、创造条件（Resource Accessing）及验证执行（Testing and Executing）四步流程。第一步是发现问题，在书中我们用多个工具引导青少年读者寻找生活中未被解决的痛点与需求。许多人认为自己没有创新精神，往往是由于缺乏批判性思维的训练，常常陷于思维定式，对学习与生活中的种种不便已经习惯了，逆来顺受。因此，痛点的寻找，对青少年来说是一次非常难得的思维训练，锻炼他们发现问题的能力。第二步是创新方法，启发青少年创新地寻找解决方案，而不要满足于现有的解决方案。第三步是创造条件，包括分析自己的创新有没有价值，如何才能设计更多的用户感知价值，从而获得用户认可。在这一步通常还包括了资源获取与团队组建，考虑到中学阶段的创新项目往往还未推进市场化，本书略去了这些内容。第四步是验证执行，包括了最简可行产品测试等内容，不盲目推动项目实施，而是通过各种方法控制风险验证了可行性之后，再推动创新想法落地实施。然后是样机制作的指导，希望可以助力青少年动手制作出产品原型。青少年读者跟着本书的步骤思考与动手，便能完成一个创新项目的提出与实施，并在此过程中体会，创新思维是如何被启发的，创新想法是如何落地的。四个步骤，既体现了创新活动的全过程，也体现了从发现问题到解决问题的全过程。

  本书不但把创新过程的关键知识以通俗易懂的文字呈现，还配以趣味漫画呈现几位中学生主人公在创新实践中一步步摸索、尝试，遭遇烦恼、挫败，克服困难获得阶段性成长与收获，并最终成功的故事。青少年读者跟随主人公的故事展开，将了解创新流程包含哪些步骤，在每一个步骤应该做些什么，"我"应该怎么做。跟着本书的步骤，一步一步完成创新并做出成果，体会创新的快乐。

  本书共分为 7 章，吴隽与姚海霞共同撰写了第 1 章，吴隽撰写了第 2 章，吴隽、吴佳龙与李葆文共同撰写了第 3 章，邓白君撰写了第 4 章，黄绮敏、邓白君与吴佳龙共同撰写了第 5 章，刘奇撰写了第 6 章，吴佳龙、杨长军与徐婷共同撰写了第 7 章。吴隽与邓白君共同完成了全书统稿。

  由于作者水平有限，疏漏之处在所难免，希望读者海涵。本书在编写过程中得到了广州大学附属中学的支持，在此一并表示感谢！

作　者

创新能力大测试

你适合创新吗？你有成为发明家的潜力吗？你的创新能力有多强？自己又存在怎样的优点和缺点？完成下面这个测试，为你揭晓谜底！

1. 你会经常打错字吗？
   A. 是的，被纠正好几回了
   B. 有时候吧，但基本不影响理解
   C. 不是，我很少拼写错误而且会好好检查

2. 快到饭点了，但家里只有一根萝卜，一捆青菜和一把葱，你会怎么做？
   A. 试着做做看吧，说不定会做出新奇的料理呢
   B. 上网找一下这些食材可以做些什么
   C. 去超市再买点别的食材，打算做个自己会的料理
   D、叫外卖好了

3. 你的作业是要写一篇小作文，主题随意。你会怎么写？
   A. 兴奋地搓手手，很快就能想好写什么
   B. 有点烦恼，主题随意意味着太多选择
   C. 觉得很烦，宁愿老师给一个明确点的主题

4. 你买衣服的时候都是怎么挑的？
   A. 买之前会提前想好，和现有的衣服要怎么搭配
   B. 只穿适合自己的衣服套装，有自己遵循的搭配
   C. 一次性买好需要的衣服，不会想太多
   D、不挑，几乎每天都穿相同款式，省得麻烦

5. 下面两种做法，更符合你的是？
   A. 按照自己的想法去涂颜色
   B. 按照填色本的范例涂颜色

6. 你认为，一块砖头可以有多少种用处（写下来）
   _____
   _____
   A. 10 种以上
   B. 5~10 种
   C. 砖头除了用来建房子还能干什么？

7. 你擅长说谎吗？
   A. 信手拈来，而且多半能蒙骗过去（得意脸）
   B. 如果时间充裕的话还是可以的，但临场发挥就不行
   C. 完全不擅长啊，谁能教我怎么骗人啊

8. 你喜欢的游戏风格是？
   A. 策略性游戏和沙盘游戏是我的最爱，烧脑游戏是我的强项
   B. 喜欢简单的，消磨时间，不需要动太多脑筋的游戏
   C. 很少玩游戏，甚至不玩

9. 你的房间整洁吗？
   A. 不，乱七八糟……
   B. 还好，不算太整洁但也不会太乱
   C. 是的，干净整洁

10. 有下面两份工作供你选择，你会选？
    A. 很灵活的工作内容，工作时间比较随意，但报酬相对要低
    B. 工作内容跟上班时间都是固定的，但报酬较高

获取测试答案

扫描关注公众号
"普睿谈创新社"
回复"创新能力大测试"
查看测评结果

扫它！

"普睿谈创新社"
年轻人最爱的创新社区

你的测评结果

我叫：_____

我是：_____（测评结果）

我的创新指数（在能量条中涂上你的创新指数）

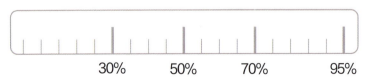

■ 故事梗概

中学生小白在创新课上树立了要为社会创造价值的理想,他跟随着导师学习创新方法论,发掘痛点、设计产品、验证改进……在这个过程中,新的成员相继加入团队——营销人才小青与技术奇才小智。小白带领团队一路冲破重重关卡,用知识作为护盾,将方法作为武器,取得了萌芽期的成功。创新之路并不平凡,他们的故事徐徐展开……

■ 人物介绍

小智
技术奇才,擅长机械结构与电子技术,之前一直立志于做创客,加入团队后成为技术担当。

导师
学校新聘的创新老师,无论是理论知识还是实践经验都非常丰富。性格温和,循循善诱,乐于指导学生。

小青
性格活泼,亲和力超强,善于分析用户心理以及设计商业模式。加入团队后与小白一起突破了寻找用户的难关,是团队的营销主力。

小白
性格天真直率,想法天马行空,勇于实践,有着永不放弃、不断试错的精神。他的梦想是通过创新,让人们的生活变得更美好。

Problem Discovery
发现问题

❶ 开始 PIRT 之旅

跟随导师，学习方法，开始创新之旅。

❷ 寻找痛点

痛点就在身边，发现痛点，走出创新第一步。

❸ 亲身体验

亲身体验妈妈如何做家务，原来痛点真不少！

Innovating Method
创新方法

❹ 畅想产品理想形态

小鸡还是恐龙？敢想，才会有大创新。

❺ 5why 分析法

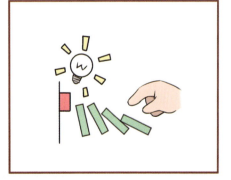

连问五个"WHY"，抽丝剥茧，找到问题的根源。

❻ 创新 36 技

利用创新 36 技，发想创意，灵感源源不断。

Resource Accessing
创造条件

❼ 分辨用户和客户

用户还是客户，傻傻分不清？教你一招辨别。

❽ 标签法

利用标签法，让用户画像"活灵活现"。

❾ 为用户创造价值

为用户创造价值，才是创新的价值所在。

Testing and Executing
验证执行

❿ 最简可行产品测试

利用最简可行产品，验证产品是不是用户所需。

⓫ 样品制作
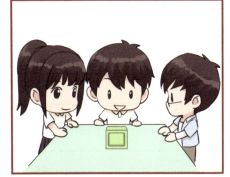
做样机，测试功能可行性，让手和脑一起动起来！

⓬ 路演

通过路演展示产品与团队，公开汇报成果，接受专家与大众的评判。

前言

第1章　人人都可以创新

- 1.1 我们身边的创新现象 3
- 1.2 什么是创新 8
- 1.3 以创新实现"中国梦" 12
- 1.4 中学生该如何创新 18

第2章　如何找到创新对象——提升观察力与共情力

- 2.1 痛点是创新的起点 27
- 2.2 我的生活中有什么"不爽"之处 32
- 2.3 通过观察特定群体寻找创新方向 37
- 2.4 批判性思维与共情能力的培养 46

第3章　创新地解决问题——提升逻辑思考力

- 3.1 寻求创新方向 55
- 3.2 佩特创新36技 65
    - 3.2.1 物性转变原则下的12种创新方法 67
    - 3.2.2 多维变换原则下的12种创新方法 81
    - 3.2.3 借势应变原则下的12种创新方法 95
    - 3.2.4 佩特创新36技实操测试 109

第 4 章 我的创新有价值吗——提升分析能力

- 4.1 为谁创造价值 114
- 4.2 如何检视创新价值 123
- 4.3 如何提升顾客感知价值 130

第 5 章 最简可行产品及用户测试——提升鉴别能力

- 5.1 最简可行产品设计 145
- 5.2 小规模用户测试 161

第 6 章 样机制作与持续优化——提升动手能力

- 6.1 开发规划与制作流程 174
- 6.2 功能拆解与逐一实现 186
- 6.3 样机评审与持续优化 194

第 7 章 路演与呈现——提升写作力与表达力

- 7.1 撰写商业计划书 202
- 7.2 路演技巧 217

附录 拓展阅读 219

参考文献 222

第 1 章　人人都可以创新

1.1 我们身边的创新现象

1.2 什么是创新

1.3 以创新实现"中国梦"

1.4 中学生该如何创新

炎无影——青春烦恼不见影

青春痘（痤疮），是多少青少年的痛。它轻轻地来了，带来了"疼痛""毁形象""不自信"，它轻轻地走了，不带走一片云彩只留下一段痛苦的记忆。它来无影也去无踪，平常时间它不来，等到了你有什么比赛、考试等重要的活动时，它总会如约而至，给你带来一段"难忘"的回忆。然而，就是这样一种无数青少年都避之不及、"恨"之入骨的疾病，至今都没有很好的解决方案。

大多数人都是以"熬一熬就过去了"的心态去看待这个疾病，但广州大学附属中学的这几个学生却给出了不同的答案，他们决定要解决这个痛点，找到解决方案。于是，一场轰轰烈烈的战"痘"史开始了。

团队在调查中发现，市面上治疗痤疮的产品中大多含有激素或抗生素，长期使用可能有副作用。于是，他们锁定目标，寻找一种不含抗生素与激素的解决方案。团队发现，"银"这种材质，在抗菌的道路已经积累了一定成果：银针打耳洞、银壶煮水、银离子喷鼻剂……在走访专家的过程中，他们了解到，纳米银能有效抗菌且不会产生耐药性，是一种相对安全的抗菌材料。有了这样的理论根据，战"痘"史正式打响。

他们首先测试了纳米银的抗菌效果，在对斑马鱼胚胎发育情况的观察实验中，将材料确定为安全无害的直径为 100～200nm 的球状纳米银。在第二阶段，他们又对纳米银溶液的安全浓度进行了研究，将纳米银溶液的安全浓度确定在20%以下，历经一年时间，完成了微波合成纳米银的制备。接着，在第三阶段，团队对纳米银溶液的有效浓度进一步研究并确定：纳米银在其安全浓度范围内可抑制炎症细胞的聚集，即有抗炎作用，随着其浓度升高，抑制能力增强。紧接着，团队又委托广东省医学实验动物中心检测纳米银的毒性，确定了纳米银可以作为一种抗炎药物的材料。

在一次次严谨科学的研究测试中，团队成功制备出了可以抗炎抗菌，有效治疗痤疮的微波制备纳米银成品。产品的成功吸引了护肤品公司的关注。团队最终成功与护肤品公司签订了合作协议，拟推进研发生产相关产品。

团队的成功离不开创新精神的影响，在大多数人都对这种问题熟视无睹的情况下，他们选择了去解决问题。创新并非难事，只要敢闯敢创，每个人都能做出属于自己的创新之举。

炎无影团队成员：黄立为、梅鸣鹤、李俊杰、伍靖研

启发案例

1.1 我们身边的创新现象

疫情期间,那些关于口罩的创新脑洞

2020年,新冠肺炎疫情席卷全球,口罩成了每个人的抗疫必备品。人人都要戴上口罩,口罩的市场需求得以爆发式增长,各类创新产品也纷纷出现。我们一起来看看面对口罩的诸多痛点,创新者是如何大开脑洞,解决问题的。

铜芯口罩

为应对一次性口罩购买麻烦、使用麻烦问题。这款口罩利用铜芯作为原料,除了可以过滤病菌外,还可抑制病菌,同时材质变得更轻薄、透气,很适合夏天佩戴。并且可以重复使用60次。

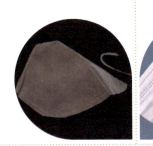

可降解口罩

为应对口罩带来的环境污染问题,用食品级、高透气量的天然纤维素复合滤纸代替无纺布,用熔喷布或纳米纤维膜作为高效过滤元件,做成一款高效防护的可降解产品。

冰镇口罩

为应对中暑问题,日本开发的这种布质口罩被包装在一个饮料瓶样的透明容器里,与饮料一起被放在具有冷藏功能的自动贩卖机里24小时出售。消费者可以随时购买到售出时只有4摄氏度的冰镇口罩。

透明口罩

聋哑人65%的交流主要靠面部表情。为应对聋哑人戴上普通口罩难交流的问题,这款透明口罩利用纳米薄膜作为材料,不仅透明还能保持高透气性,并且其过滤性能超过N95口罩。

智能垃圾桶——让扔垃圾不再麻烦

每天清理垃圾是生活中最令人烦恼的事情之一。Townew智能垃圾桶是一项实用的发明，旨在使人们减少与垃圾的接触，让生活更轻松。首先，它有自感应的俏皮盖子，你想要扔垃圾，只需要手在垃圾桶的感应范围内，盖子就能自动打开，一旦垃圾入桶，盖子会自动盖上，防止不愉快的气味扩散。你不用手动装新袋子，制造商提供了一个会自动打开铺展垃圾袋的特殊盘头。该设备还能自动监控垃圾桶是否满了，及时把垃圾袋自动打包，垃圾不会泄露出来，并用手机通知你。这么智能的垃圾桶解决了很多人的大烦恼，妈妈再也不用担心你不扔垃圾啦！

电热水杯——随时随地享受"热水自由"

只有在中国，我们才能看到人对于"热水"的钟爱能达到什么程度——几乎人人出门都要带上保温杯。在这样的背景下，不少热水神器被发明了出来。过去，我们要喝热水，要么依赖热水器，要么依赖保温杯。但热水器不是哪里都有，保温杯里的水也总是很快就被喝完了。面对这样的痛点，一家公司把保温杯与热水壶结合，发明了电热水杯。保温加热一体化的设计，让用户免去寻找热水器的困扰；隐藏电线的设计，拿起来就是保温杯，放下来就是热水器。随时随地满足各种需求，喝热水、泡茶、冲药，甚至能在里面炖个汤。这款神器，让不少出差人士"感动得落泪"，让热水爱好者恨不得买10个，的的确确实现了"热水自由"。

BELEAF 树叶餐具——真环保，天然造

环保是近些年最为火爆的话题，各个行业的大牛纷纷指出：如果人类再不控制现在对自然的破坏，那么毁灭人类的将会是我们自己。不少事实也指出，人类会在未来几十年遭遇严重的气候危机与生态危机，所以我们必须遏制现在的污染行为。但即便这些事实证据多么骇人，普通群众也不会意识到自己点个外卖都是在加速森林的覆灭。

BELEAF 决定用另一种思路去解决这个问题。"森林的落叶那么多，为什么非得砍树呢？"他决定展开这个大胆的想法，在他与团队的不懈努力下，BELEAF 成功研发出了一款利用树叶制成的一次性餐具，不仅防水防油，更是完全可降解为肥料，制作过程中没有使用任何胶水、油漆等化学用品，完全纯天然。不仅制作过程无危害，成品也不会对自然造成任何影响，餐具在弃置后，仅需 28 天便可完全降解。真正实现了从原料到降解的整个过程都纯天然无危害。

给椰子装个拉环——小创意，大改变

椰子作为一种纯天然的可以喝的水果，本是应该深受消费者喜爱的，却因为过于复杂麻烦的"打开"过程，"劝退"了不少消费者。从 2015 年开始，纯椰的销量开始大幅下降，泰国纯椰公司为了挽回这个局面，开始了一系列的用户调研。他们得到的结果是，消费者很喜欢椰子，但开椰子实在太麻烦了。泰国纯椰公司的销售经理莫丽娜灵机一动，如果在椰子上加上一个类似易拉罐拉环的设计，是不是就能解决这个问题呢？

她的想法得到了公司高层的认可，马上，一种装了拉环的纯椰诞生了——在椰子的顶部凿出一个开口，并利用特制的易拉环进行封口。顾客拉开拉环，仅需一根吸管，就可以轻轻松松地享受百分之百的有机原椰汁。

为了延长保质期，公司还设计了一款"保鲜衣"，与拉环配合使用。装上"拉环"，穿上"保鲜衣"的纯椰一经上市，立刻受到众多纯椰消费者的青睐和追捧。消费者认为，开椰子就像开汽水，非常简单快捷，那感觉真是太爽了！一个小小的创意，马上改变了纯椰的销量，短短半年就翻了一倍，纯椰市场也迎来了新的转机。

1.1 我们身边的创新现象

那些每天都在刷新我们生活的创新发明,既能给生活增添一抹亮色,又能给繁忙的工作带去些许安慰。思考一下,你平时还遇到过哪些让你的生活变得更加舒爽的创新案例呢?请举出几个例子,比一下,看看谁找到的创新发明更受大家欢迎。

1.1 我们身边的创新现象

小白创新实操日记——我们的第一节创新课

第 1 章 人人都可以创新

1.2 什么是创新

什么是创新

创新一词起源于拉丁语，是人们为了满足发展的需要，运用已知的信息，不断突破常规，发现或产生某种新颖的、独特的并且有社会价值或个人价值的新事物、新思想的活动。

"创新理论之父"熊彼特在1911年出版的《经济发展理论》一书中指出："所谓创新，就是建立一种新的生产函数，把一种从来没有的关于生产要素和生产条件的新组合引入生产体系，以实现对生产要素或生产条件的新组合。"

我们可以这么理解："创新就是新元素或旧元素的一种新组合，满足了用户的某点需求。"

创新也许是个全新的产品，也许是已有解决方案的改进、应用、新组合。并非只有全新事物的诞生才算创新。

创新的五种情况

熊彼特进一步明确指出"创新"的五种情况：

（1）采用一种新的产品或一种产品的新特性，也就是消费者还不熟悉的产品或产品特性。

（2）采用一种新的生产方法，也就是在有关制造部门中尚未通过经验检定的方法，这种新的方法不需要建立在科学新发现的基础之上，可以存在于商业上处理一种产品的新的方式之中。

（3）开辟一个新的市场，也就是有关国家的某一制造部门以前不曾进入的市场，不管这个市场以前是否存在过。

（4）掠取或控制原材料或半制成品的一种新的供应来源，无论这种来源是已经存在的，还是第一次创造出来的。

（5）实现任何一种工业的新的组织，比如造成一种垄断地位（如通过"托拉斯化"），或打破一种垄断地位。

上述五种情况可归纳为五项创新，依次对应产品创新、技术创新、市场创新、资源配置创新、组织创新。

中国人对创新的理解

春秋末期,古籍中的"创"字,多表示"创造"的意思。

《国语·周语》中写道:"以创制天下,自显庸也。"——"创制天下"表示"创建并掌管天下"。

《论语·宪问篇第十四》中写道:"为命,裨谌草创之,世叔讨论之,行人子羽修饰之,东里子产润色之。"——"草创"表示"起草"。孔子赞叹子产执掌郑国国政,有条有理,比如写一道外交文,也要按照程序安排,该谁干什么就干什么,不能任意作为。

《墨子·所染第三》中写道:"创作比周,则家日损,身日危,名日辱。"——"创作"表示"不事模仿、出于己意的创造。多指文学、艺术等作品的创造而言。"

而古文中,自甲骨文起就有"新"字,都是表示"过去没有而刚刚出现的"这个意思。

中国人自古以来实现的重大创新

在一万年前,中国人发现了水稻,使得人类大规模繁衍成为可能;后来,袁隆平发明杂交水稻,解决了庞大人口的吃饭问题。

几千年来,中国人发现了茶,发明了丝绸、瓷器、造纸术、印刷术,使得中华文明变得丰富多彩。

1259年,中国人发明了第一支药弹分离的突火枪,是现代枪炮的鼻祖。中国人还发明了火药箭,也是现代火箭最早的原型。

屠呦呦发现了青蒿素,为治疗疟疾提供了有效的药物。

……

创新 = 新颖 + 有用 + 可行

新颖

新颖并不意味着创新一定是开天辟地般的革命。像相对论那样的具有革命意义的理论成果，诚然是创新的一种，但大部分的创新，实际上是在某个较小的范围里，用新颖的思考方式，通过前人未经留意的视角来观察和解决问题。这种新颖的思考方式很可能是从别的领域借用的。这样的创新离我们的生活更近，其价值同样不可低估。

有用

"需求是创新之母"。大部分了不起的创新都来自实际需求。这就需要我们拥有"以用户为中心"的设计理念，站在用户的角度去思考问题。例如，用户对短距离交通的需求，催生了共享单车；用户在给婴儿喂食的时候，频繁试温度，然后设计师便设计了"感温奶瓶"。松下面包机，正是在日本妇女开始外出工作，没有时间做传统早餐，而丈夫却依然期望有新鲜早餐这样的"需求"之下创新出来的。因此，灵感往往取决于我们对用户需求的了解程度。

可行

任何创新都要考虑在现有条件下的实施问题。如果利用了所有可以利用的资源、条件，仍然无法让某个创新成为现实，那么，再新颖、美妙的想法，也只能是空中楼阁。比如，有同学在做创新思考时，不切实际地提出各种充满矛盾的需求，例如，想让充电宝变得既小巧又能驱动笔记本电脑这种当前技术暂时解决不了的想法，自然是无法落地了。

创新三大要素

知识介绍

1.2 什么是创新

推动人类不断进步的创新活动

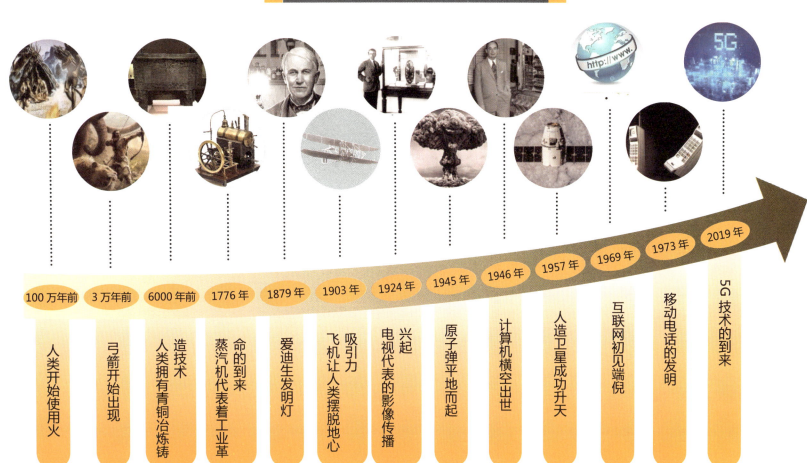

100万年前	人类开始使用火
3万年前	弓箭开始出现
6000年前	人类拥有青铜冶炼铸造技术
1776年	蒸汽机代表着工业革命的到来
1879年	爱迪生发明灯
1903年	飞机让人类摆脱地心吸引力
1924年	电视代表的影像传播兴起
1945年	原子弹平地而起
1946年	计算机横空出世
1957年	人造卫星成功升天
1969年	互联网初见端倪
1973年	移动电话的发明
2019年	5G技术的到来

第1章 人人都可以创新

知识介绍

1.3 以创新实现"中国梦"

中国梦与青少年的创新使命

中国梦

"实现中华民族伟大复兴,就是中华民族近代以来最伟大的梦想"。"中国梦"的基本内涵是国家富强、民族振兴、人民幸福。

青少年的创新使命

创新发展对一国之兴衰具有重大影响。一部人类文明史,就是创新发展的历史。"天行健,君子以自强不息",作为火药、造纸术、指南针、活字印刷术发明者的后代,中华民族有着悠久的创新传统,积淀了丰富的创新文化。然而,由于17世纪中叶以后封建王朝暮气沉沉、故步自封,到了近代,作为世界文明古国的中国却落后了,国际地位随之一落千丈。

中华民族的伟大复兴之路离不开艰苦奋斗、自主创新。从自主研发出原子弹,一跃成为国际强国,到改革开放,无数中国人抱着建设祖国的理想投身科研,开创了一个又一个奇迹。中国高铁、"嫦娥"登月、"蛟龙"入海、航母入列,从北斗到5G,从中国制造到中国智造。中国以一系列创新成就实现了历史性飞跃。依托科技创新所带来的各种新技术、新产品、新应用,见证着我们生产、生活方式的改变。创新的种子已经播撒,创新的激情正在升腾,创新的中国风华正茂。

尽管今日的中国已然是世界第二大经济体,但实现中国梦的使命仍然任重道远。青少年应将实现中国梦作为自己的理想,不断开拓进取、不断创新、增强国力、造福人民。

1.3 以创新实现"中国梦"

改善我们生活的那些创新

· 从"汗如雨下"到"不惧酷暑"

空调的发明，让人们不再惧怕炎热的酷暑。智慧的古人会把冬天的冰块放在地窖中待到夏日时拿出祛暑，皇帝会在夏日跑到避暑山庄。到了现代，尽管教室里的小风扇呼呼地吹个不停，没有空调的日子一样非常难挨，老师上个课便大汗淋漓。而空调的出现，打破了这样的局面，提高了我们工作与生活的品质。

创新，极大地改善了我们的生活。

· 从"飞鸽传书"到数据通信

人们的通信效率由于科技的发展，技术的创新，得到极大的提升。从古代的飞鸽传书，马走千里，到近代的邮寄、电报直至今日的数据通信。创新改变了通信的方式，提高了交流的效率，也缩短了人与人之间的距离。

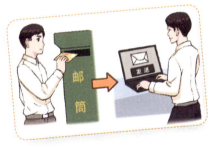

· 机械力代替人力

那种在河边敲洗衣服的时代已经过去了。创新的发展减轻了人们的家务负担。不会再看到被肥皂水浸泡得起皱的手掌，也不必再蹲在河边顶着太阳敲洗一件件衣服。机械力代替了人力，不仅仅是洗衣机，炒菜机、洗碗机等更多创新的产品会让我们逐渐离开那些琐碎的家务，改善我们的生活。

知识介绍 让工作效率更高的那些创新

约3500年前，人类发明了文字，开始将文字用各种工具记录在不同的材料上，从刻在石头到写在纸上，科技的突破与应用技术的发展，让这类工具逐渐有了新的名字——文具。从中国古代的文房四宝发展到今日，文具的形式有了天翻地覆的变化，而每次变化，都以工作效率的提高为目标。我们有了更轻便的圆珠笔、易于修改的铅笔、成本更低的纸以及一大堆的辅助工具，如回形针、订书机、便利贴……但文具的创新没有停下脚步，更新颖、更好用的文具不断出现。我们来看看，那些关于文具的黑科技都有哪些。

Forever Pen——可以无限使用的笔

一款号称能书写100年的笔，它的笔尖由一种特殊稀有金属制成，这种金属与纸摩擦时会发生氧化反应留下笔迹，会有一种2H铅笔素描的感觉。不需要任何笔芯或墨水就能写出字来，关键还能无限次使用，好好爱护一下说不定能传给下一代。

ROCKETBOOK EVERLAST mini

一款号称能**用一辈子的笔记本**。它的纸采用聚酯合成纤维制成，再配合特殊的墨水笔，用手擦不掉，但只要用湿布就可以清除内容。能循环使用，一辈子都用不完。

Ankisnap——智慧荧光笔

学生经常要拍照来记录一些学习资料，但软件不太智能怎么办，用这款智慧荧光笔，只要在书上标记要记录的内容，配合配套软件，就能轻松扫描需要的内容，不再需要在其他软件上截取半天。

Magnetic Notes——魔力便利贴

一般的便利贴粘不稳，但使用这款便利贴时则完全不用担心，因为它不用粘力，用"魔力"。利用带静电表面膜，这款便利贴可以轻松贴在任何干燥的地方，不仅贴了不会掉，撕下来也不会留痕迹。

Harinacs——无针订书机

不需要订书钉，只需在纸上打出一个箭头形状的缺口并做成特殊的纸扣，一沓文件就能固定在一起。使用很方便，无须任何耗材而且不会产生多余的纸屑，安全又环保。

改变我们生活的那些创新

1.3 以创新实现"中国梦"

火的发明,让人类告别了茹毛饮血的生活。电灯的发明,让人类的黑夜变得不再漫长。各种大大小小的创新,让人类过上了更好的生活。

约 500 年前,人类爆发了一场科学革命,科技水平得到爆发式的增长,人类力量前所未有的强大。而这个过程中,是创新在不断驱动着发展的进程。以玻璃的发展与应用为例,玻璃在被发明的早期,还只是珍贵的装饰物,而随着玻璃制作工艺的不断创新突破,应用也在不断地扩张,从饰品到窗户、水杯、镜片、屏幕……玻璃的应用覆盖了人类的几乎所有领域,无论到哪里都能看到,上至各种高精尖的光学仪器,下至各种水杯容器,玻璃的创新改变了我们的生活。我们来看看人类是怎么把一种材料玩出"花"来的。

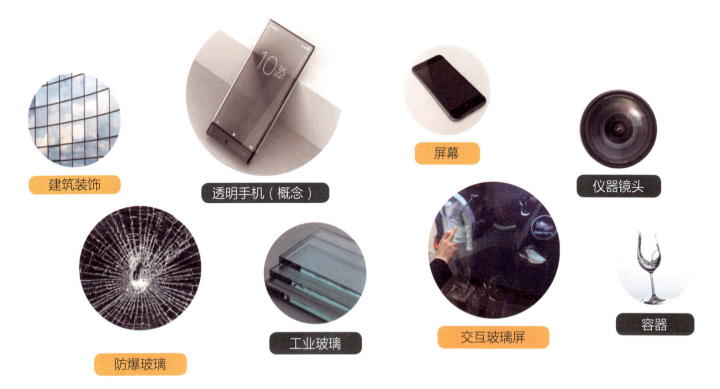

知识介绍

让生活更美好的那些创新

以耳机的发明与改进过程为例。最早有记载的耳机诞生于1881年，那时候的耳机由支架、接收器和听筒组成，像是一个大型的听诊器，供电话接线员使用。他们将耳机架在脖子上，听筒罩住耳朵，接收器对准嘴巴，与客户进行交流，解放双手用于处理其他事务的同时，避免了同一办公室内接线员的声音相互干扰。当时这耳机重达十斤，硬邦邦的支架和听筒让使用者非常不舒服，还会给他们的肩膀造成严重损伤。所以，当时的接线员非常嫌弃耳机。

从笨重到小巧，从有线到无线，从昂贵到便宜，从军用到民用，从受人嫌弃到风靡全球，耳机一路走来经历了风风雨雨。头戴式、耳塞式、入耳式，耳机的造型也多种多样。但是它的进化之路还没有停止，现在的耳机厂商正在从功能、音质、降噪、外观等各种路线不断地进行创新，推出更加先进的产品。

1895年，人类发明了第一个民用耳机。比1881年重达十斤的版本有了巨大改进。

更轻便舒适 →

1958年，高斯生产出第一个立体声耳机。出色的环绕立体声让耳机音质迎来了新飞跃。

音质更好 →

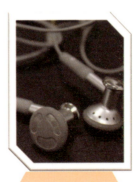

1980年之后，入耳式耳机开始流行，耳机开始变得轻便，但是戴久了很容易耳朵疼。

更轻便舒适 →

2000年，Bose推出降噪耳机。该技术最初由飞行员使用，可以隔绝外界的声音，带来超凡的音质享受。

音质更好 →

2016年，苹果推出无线耳机Apple AirPods，将耳机交互带入了新的时代。入耳的形状也更小巧，更令人舒适。

更轻便舒适 →

1.3 以创新实现"中国梦"

华为被制裁事件

2019 年 5 月，美国对华为实施第一轮制裁，**华为无法使用美国本土生产的芯片**，同时华为无法再使用谷歌服务。

2020 年 5 月，美国对华为实施第二轮制裁，也是第一轮制裁的升级，**华为无法使用包含美国技术的芯片**，麒麟芯片转瞬间面临"生死之危"。

2020 年 8 月，美国对华为实施第三轮制裁，华为智能手机业务进入"无芯可造、无芯可买"的存亡之境。

知识介绍

1.4 中学生该如何创新

那些变成现实的"疯狂"想法

"只有那些疯狂到以为自己能够改变世界的人才能真正地改变世界。"乔布斯在1984年的苹果广告中讲出这么一句话,激励了无数想要创新的人。创新者总是被误以为是疯狂的,那是因为创新者的想法太过超前,常人总是难以理解。**"如果我当年去问顾客他们想要什么,他们肯定会告诉我,一匹更快的马。"** 福特在造汽车前说下这句话,创新者不仅要理解用户,更要站在用户前面,创造远超用户表层需求的东西。也许这样的创新太过于疯狂,在创意之初可能无法被很多人理解,但不要因为被嘲笑天马行空而气馁,因为越是超越当前人们认知的创新,越可能颠覆世界。

学生利用纸板制作的一款隐形眼镜清洗机原型。

多年后市面上开始出现隐形眼镜清洗机

学生创意鼠标

麦塔金摇杆鼠标

起初,有一个学生用绘图软件画出一款摇杆式的鼠标,看起来又笨重又难用。其他同学对这个创意嗤之以鼻,甚至连老师都不看好,觉得成本太高,不如普通鼠标好。

半年后,麦塔奇推出一款与学生创意类似的产品。这款号称人体工程学的摇杆式鼠标,拥有传统鼠标的一切功能,33°半握拳的人体工学设计塑造了舒适的握感体验,并且该操作方式可以让使用者告别鼠标手的职业病。这款鼠标在当年获得了全球工业设计领域最大、最有影响力的"红点奖"。

1.4 中学生该如何创新

知识介绍

打破固有思维，勇于创新

我们习惯了依赖经验和习惯，对从无到有的过程充满忐忑：安装一个东西，没有说明书就不会了；做个项目特别想知道有没有前人的经验参考……不仅仅是个人层面，大到企业、国家层面，也是"中国制造"多过"中国创造"，我们培养了很多成绩优异的孩子，却很难在创新大赛上看到国人获奖的影子……

我们并非缺少聪明的大脑，我们缺少的是创新的环境和创新的勇气。被固有的思维限制，被权威的话语限制，被他人的"好心劝阻"限制……

到最后，我们的天马行空，却被他人变成现实。

创新原则

① 从来如此，不一定是对的。
② 不要批判别人的想法，不要因为自己的想法感到自卑。
③ 前 30 个想法往往很平庸，真正的创造力往往体现在第 50 个想法之后。
④ 在创新面前，每个人都是平等的，没有专家。
⑤ 要获得很好的点子，首先要获得很多的点子；要获得很多的点子，就要靠点子来激发点子。

小白：那创新就是要做火箭、做飞机吗？感觉会很难。
导师：当然不是，也可以从身边的小事做起。

第 1 章 人人都可以创新

1.4 中学生该如何创新

人人皆可创新

创新存在于我们生活中的方方面面。神舟飞船上月球是创新，改造一个垃圾桶同样也是创新。创新并不一定需要天才。创新的关键在于找出新的改进办法，并由此创造了价值。

创新思维，是指以新颖独创的方法解决问题的思维过程，人们通过这种思维能突破常规思维的界限，以超常规甚至反常规的方法、视角去思考问题，提出与众不同的解决方案，从而产生新颖的、独到的、有社会意义的思维成果。

许多人觉得自己不会创新，一方面是因为习惯了思维定式，缺乏批判性思维的训练；另一方面是从未从创新中尝到甜头，缺乏创新意识和创新欲望。我们每个人都带着一种习惯模式或定式思维来看世界，有时候这个模式与外界事物的本质和规律正好近似，那么我们可以很快地对这个事物做出正确判断，但是当我们的心智模式与事物本质或规律不吻合的时候，就会妨碍我们产生新的思维，成了心智枷锁。

创新思维可以通过后天训练来开发，每个人都可以拥有创新思维。

创新活动，是一种为了产生新成果的"过程"。这个过程，并非某人拍脑袋去捕捉一闪而过的离奇想法，而更多地表现为，在一套科学完整的方法论的指导下完成的创新活动的全过程。

当一个人不断训练自己打开心智枷锁，开启创新思维，再遵循创新方法论的过程去执行整个创新活动时，他一定会得到有意义的创新产出。

我们坚信，在恰当的引导之下，人人都可以创新。

分析工具

1.4 中学生该如何创新

创新想法的提出与实施：PIRT 创新方法论

发现问题
Problem Discovery

发现问题是一切创新活动的基础，如果缺乏主动发现不足的意识，没有敏锐的观察力，创新则无从谈起。因此，本书将带领读者一起通过各种启发工具寻找用户痛点和需求，探寻其背后的根本原因，练就一双"看到"痛点的慧眼（第二章）。

创新方法
Innovating Method

创新并非聪明人的灵光乍现或者全靠拍脑袋想出来的主意，创新可以遵循一定的步骤与方法。本书将带领读者一起探寻创新思路，呈现 36 个具体的创新方法（第三章），供读者在创新过程中使用。

创造条件
Resource Accessing

成功地实施一项创新尝试，需要判断创新是否满足了用户的需求，是否具有商业价值，以及怎样令创新具有更多价值（第四章）。同时，也需要学会开拓资源，创造性地利用资源，不要因为暂时性的困难而却步。

验证执行
Testing and Executing

通过测试工具验证用户是否满意我们提出的创新方案（第五章），把解决方案变为现实产品并不断迭代（第六章），完整地呈现并表达整体创新方案（第七章），最终完成发现—解决问题全过程。

第 1 章 人人都可以创新

分析工具

即将陪伴大家进入创新旅程的分析工具

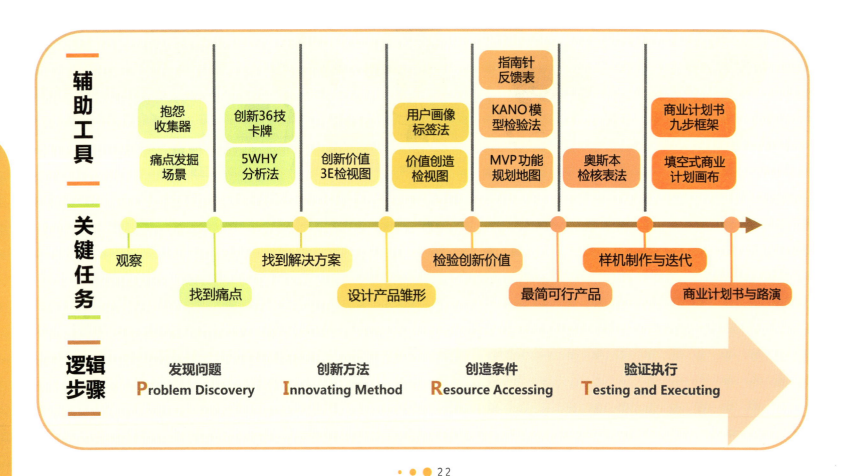

1.4 中学生该如何创新

1. 在3分钟以内，用发散思维尽可能多地写出玻璃杯的新用途（20个以上）。

2. 设计一系列让中学生爱上学习的文具。

第 1 章 人人都可以创新

第 2 章 如何找到创新对象
——提升观察力与共情力

- **2.1** 痛点是创新的起点
- **2.2** 我的生活中有什么"不爽"之处
- **2.3** 通过观察特定群体寻找创新方向
- **2.4** 批判性思维与共情能力的培养

会飞的游泳圈——无人机与游泳圈的创意结合

在影视剧中常常会出现这样的画面：女主不幸失足落水，男主纵身一跃救人……英雄救美式的浪漫剧情成了惯用套路，但现在的安全教育书本里绝对不会教你这么做，反而会劝阻你。一般来说，一个没有学习过专业救生知识，且进行过救生实践的施救者，跳进水里就等于"买一送一"。但专业且持证上岗的救生员数量极少，人们只能把希望的目光投向智能施救市场，期待着能有更好的解决方案出现。

马俊楷，是深圳市翠园中学的一名学生，自幼热衷电子科学技术与航空航天技术，喜欢"折腾"无人机。进入翠园中学的航模社前，便已经着手制作无人机了。热爱无人机的他，也想着让自己的爱好不仅仅只是爱好，而是让它变得更有意义。利用无人机来做有意义的事情，市面上已不少见，有人提出用无人机做物流，抛投邮件；也有人提出用无人机做移动监控器，应用在疫情的管理上；也有人提出将无人机用于植保、消防救灾等。但马俊楷觉得，无人机肯定有更多的用途，却迟迟没有灵感。

2018年的国庆节，在深圳湾散步的马俊楷，看到人头攒动的深圳湾，救生员竟然只有几个，且每隔500米才有一个救生员驻守。"如果发生了落水事件，救生员怎么来得及救援？"马俊楷感到疑惑的同时灵感悄然而至。

回到家中的马俊楷马上上网搜索资料，想确定自己的想法是否有人做过。结果市面上"无人"溺水救援方案是有不少，有遥控舢板，也有用无人机抛投救生圈的，但恰恰没有马俊楷想的那种——将无人机与救生圈结合，做成"会飞的游泳圈"。

马俊楷的初心很简单：人工施救很麻烦也很受限，现有的智能设备又不够精准，那就让游泳圈直接定位溺水者，飞过去不就完了。这个创意刚好落在了马俊楷身上，他马上将这个想法告诉了自己的朋友——翠园中学创客工坊的联合创始人曲唯楷。曲唯楷擅长硬件设计，马俊楷擅长无人机制作，两人一拍即合，开始了造"圈"之旅。

两人联手，仅用了四个月的时间，就开发出了第一款概念机，可以实现基本的飞行。他们把概念机拿给科创老师看，并讲明了自己的想法。老师很欣赏他们的创意，但建议他们先去做市场调查，深入了解市面上产品的优缺点，才能做出有足够特点的产品。

在老师的鼓励下，两人士气大增，并决定听从老师的建议，对市面上的产品进行深度的调查。曲唯楷先把创客工坊的成员拉进了团队，一群人兵分两路，一队做市场调研，一队做设备开发。在调研的过程中，团队不断修改游泳圈的功能。起初，这款游泳圈只有遥控飞行的功能，但了解到落水的环境非常复杂，哪怕是专业施救者，也可能因为环境复杂而耽误了救援时间。

而救援时间一旦超过360秒，落水者的生存机会就非常渺茫。团队为了解决这个问题，决定在游泳圈上增加自动追踪功能。和大疆的视觉工程师交流后，马俊楷和曲唯楷共同敲定了"红外—可见光"双光联合导引方案，并与团队着手建立视觉库，进行模拟训练。在增加了热成像系统后，游泳圈不仅能够飞行，还能在低能见度的情况下精准定位落水者。

在团队的不断突破下，这款"会飞的游泳圈"已经完成了3代样机的迭代开发，当前样机已经具备实际应用功能，并经过200余次模拟救援测试。凭借这款产品，团队斩获了第六届互联网+萌芽赛道"创新潜力奖"、第35届广东省青少年创新科技大赛一等奖。

"从来没有想过，在高中学习阶段，能让自己的兴趣爱好走得那么远。"马俊楷与他的团队表示，希望可以尽快完善产品功能，尽快投入市场，提高救援效率，挽救那些不幸的落水者的生命。

从爱好到一个可以拯救无数人生命的产品，中间仅仅隔着创新的勇气与实施的能力，这并非遥不可及，而是每个人都可以做到的。

概念机

2.1 痛点是创新的起点

小白创新实操日记——寻找痛点

观察1
路人顶着公文包,淋着雨追公交。

观察2
雨中骑车的人遇到水坑,摔倒在路边。

观察3
行人被驶过的汽车溅了一身水。

你还观察到下雨时有哪些痛点:

第 2 章 如何找到创新对象——提升观察力与共情力

2.1 痛点是创新的起点

需求和痛点

需求和痛点分析：创新创业项目的起点

需求，即用户有意愿付费来解决的问题。

痛点，即用户未被满足的需求。当用户在使用产品或服务的时候抱怨，或感到不满的、痛苦的环节就是痛点。

尽管痛点不是创新的唯一起点，但是找到了痛点，往往就找到了创新的方向。

痛点	书包背不动	耳机线很烦	环境太吵了
创新成果	Lightning Packs 悬浮背包——采用悬浮负荷技术，可以降低背包86%的重量和身体负担，让背包这件事变得更加轻松。	Zeroi 骨传导帽子——借助帽子两侧的四个骨传导扬声器，直接将声音通过骨头传入内耳。从此，戴上帽子就可以听音乐。	Muzo 噪音隔离器——传感器捕捉到由外来噪音引起的声波振动，经过电磁系统处理后释放一个与噪声等大且反相的声波，达到抵消噪音的效果。

知识介绍

需求/痛点的价值

判断需求/痛点的价值,可以从几个方面来考虑。

广度: 有多少人有这一个需求/痛点?

频率: 用户多久会遭遇一次这样的需求/痛点?是每天都出现(频率高),还是一辈子只有一次(频率低)?

强度: 用户解决这个需求/痛点的意愿有多迫切?愿不愿意花钱解决?

 分析工具

真痛点 or 伪痛点

什么叫伪痛点?

伪痛点就是创业者陷入在自己设定的陷阱里,自己觉得这个痛点很重要,很紧急,必须要解决!事实上,这个结论可能是创业者臆想出来的,并没有多少人和他想法一样,也就是说这个痛点不具有普遍性。

辨别真伪痛点的两个要点。

第一,客户是否足够痛,以致愿意付费来解决这个问题?免费的好处是人人都想要,抛开价格谈服务毫无意义。

第二,是否细分了人群?不要将所有人当作你的目标人群,先研究一小撮最愿意付费的人,然后逐步扩大范围。

2.1 痛点是创新的起点

导师的痛点寻找小贴士

> 寻找痛点，要先从对人的观察入手

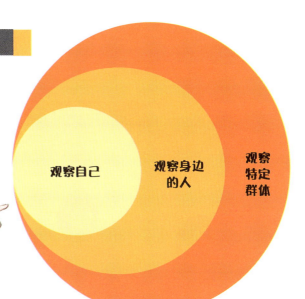

观察自己

自己的痛点是最容易观察到的，回想身边那些经常让你感到困扰、尴尬、无奈、痛苦的场景，发掘自己的痛点。

观察身边的人

身边的人肯定或多或少地吐槽或抱怨过一些事情，又或者表现过对一些事情的厌恶或恐惧。将这些信息收集起来，发掘信息背后的痛点。

观察特定群体

从年龄入手，我们可以观察老人与小孩的痛点；从职业入手，教师与外卖小哥的需求可能各有不同；从特殊群体入手，聋哑人与盲人又有哪些需求？

第 2 章　如何找到创新对象——提升观察力与共情力

分析工具

2.2 我的生活中有什么"不爽"之处

从自己身上找痛点

生活中到处都是痛点。先从自身经历开始寻找，从头到脚，一天24小时，春夏秋冬，晴天、雨天、雪天、暴晒天，都可以作为思考主线，用于梳理痛点。以下仅作举例，每人可以写出和自己有关的痛点。

从头到脚

部位	痛点
头	脱发、染发……
面部	眼镜、出油……
上身	肚腩、瘦身……
手	手汗、护手……
下肢	护腿、瘦腿……
脚	鞋磨脚、甲沟炎……

一天24小时

时间	痛点
0:00—7:00	熬夜、失眠、早上起不来……
7:00—12:00	学习安排、时间分配……
12:00—14:00	午餐选择、休闲娱乐……
14:00—18:00	午后困倦、体育活动……
18:00—22:00	学习、洗澡、听音乐……
22:00—24:00	宿舍交流、个性思考……

分析工具

2.2 我的生活中有什么"不爽"之处

当我抱怨点什么事情

习以不为常，理所不当然

留心自己觉得"不爽"的事情。虽然许多事情似乎都是由于自己不够聪明、不够勤快造成的，但确实是大家客观可感知到的生活中的不便。创新，就是要想办法解决这些不便。这样，我们即使不想那么勤快，也能解决这些烦恼。

先暂时收起我们的自责，看看我们过去都抱怨过什么？

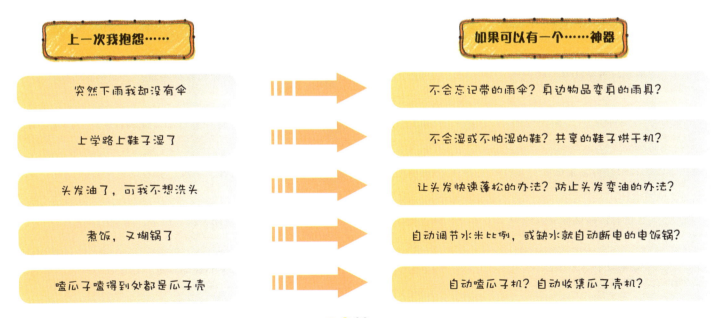

上一次我抱怨……	如果可以有一个……神器
突然下雨我却没有伞	不会忘记带的雨伞？身边物品变身的雨具？
上学路上鞋子湿了	不会湿或不怕湿的鞋？共享的鞋子烘干机？
头发油了，可我不想洗头	让头发快速蓬松的办法？防止头发变油的办法？
煮饭，又糊锅了	自动调节水米比例，或缺水就自动断电的电饭锅？
嗑瓜子嗑得到处都是瓜子壳	自动嗑瓜子机？自动收集瓜子壳机？

第 2 章　如何找到创新对象——提升观察力与共情力

 **分析工具**

当我被别人抱怨、批评

懒情或粗心是人之常情，我们争取用创新来解决

只要仔细回想，我们也常被别人抱怨、批评。想一想，上一次你妈批评你是为了什么事情？

暂时抛开"好吧，我应该做得更好"的想法，尝试去看看有没有更靠谱、更省力、更省时的办法来解决？

然后，把抱怨主体改为"我的老师""我的同学"，再重新发散思考一下。

小贴士

千万不要忽视你身边比较懒或比较粗心的朋友（也许是你自己）的想法，他的抱怨往往是非常有价值的。

上一次我妈批评我……		如果可以有一个……神器
书包、书桌乱七八糟……	➡	不依赖个人自觉的收纳神器？自动吸附垃圾的装置？
个人物品丢三落四……	➡	防丢失的神器？便于整理的收纳神器？几个物品互相捆绑？
衣服叠得歪歪扭扭……	➡	解决洗衣、干衣、收衣任一环节的神器？
穿过的球鞋又臭又脏……	➡	能自动洗鞋、烘干、除菌的神器？
又懒又肥还不运动……	➡	减少运动痛苦的辅助神器？让运动变快乐的神器？

2.2 我的生活中有什么"不爽"之处

从自己的生活中找痛点

找一找，你能数出你的生活中有多少痛点？这些痛点有没有什么好的解决办法？

第 2 章　如何找到创新对象——提升观察力与共情力

应用练习

抱怨搜集器

观察一下身边的人是怎么抱怨的。

听到这样的话,就赶紧把抱怨的内容记下来。

久而久之,你就会积累起一大堆"不爽"素材了!

这些素材就像种子,在适当的时候,遇到了合适的条件(如找到了创新方法),便会发芽长大,结出"创新的果实"。

抱怨主题	发生频率	抱怨/遇到困难的内容
我的妈妈		
我的奶奶		
我的老师		
我的同学		
我自己		

2.3 通过观察特定群体寻找创新方向

欧乐 B 儿童牙刷——让宝贝爱上刷牙

全球顶尖的设计咨询公司 IDEO 在为欧乐 B（Oral-B）设计新型儿童牙刷时，对儿童、父母、老师以及周边相关人员进行观察。他们发现目前市面上已经存在的儿童牙刷，除了在体积上比较小以外，基本上就是成人牙刷的翻版，然而孩子使用牙刷的方式与大人完全不同——大人用指尖拿着牙刷，而儿童则用整个拳头抓住牙刷。对孩子来说，抓住牙刷这个奇怪的东西并让它在嘴里活动本身就是一件具有挑战性的事情。

IDEO 为欧乐 B 设计了肥大、柔软，儿童觉得有趣又好用的新型牙刷，结果这一创新设计帮助欧乐 B 在新产品上市后的八个月内登上了儿童牙刷销量第一的宝座。

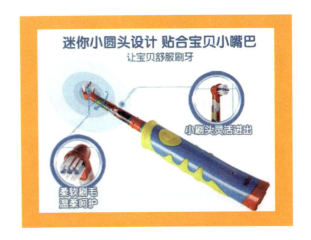

知识介绍

2.3 通过观察特定群体寻找创新方向

通过观察目标人群来寻找创新方向

个人所接触的生活场景毕竟是相对狭窄的，我们还可以通过观察别人来搜集痛点。我们身边的人——如爸爸、妈妈、爷爷、奶奶，社会上的特定群体，特别是弱势群体，都是非常好的观察对象。毕竟，人不能只关心和自己切身利益相关的事情。让社会变得更美好是创新的初衷。

试试去了解不同的人，发现他们行为上的不便，也就是他们的痛点，然后再想办法解决。

了解目标人群的方法

了解目标人群的方法，从获取信息的方式来看有两类，一类是他们的行为状态，另一类是他们表达的观点和思想；从信息本身的特征来看也有两类，一类是定性的信息，另一类是定量的信息。

"怎么说"表现了目标和观点，"怎么做"反映了行为，目标人群"怎么说"和"怎么做"经常是不一致的。两方面都很重要，如果不能全面了解用户，就没有办法探知背后深层次的原因，就不能从根本上解决问题。所以我们既要看他们怎么做，也要听他们怎么说。

定性研究可以找出原因，偏向于了解；而定量研究可以发现现象，偏向于实证。 如果只用定量研究，则能看到问题，但不知道原因；如果只用定性研究，可能会以偏概全，被部分样本的特殊情况带入歧途。人们认识新事物的过程，通常都是从定性到定量，再从定量到定性，并螺旋上升，了解和实证也是不断提升进化的。

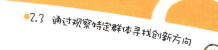

2.3 通过观察特定群体寻找创新方向

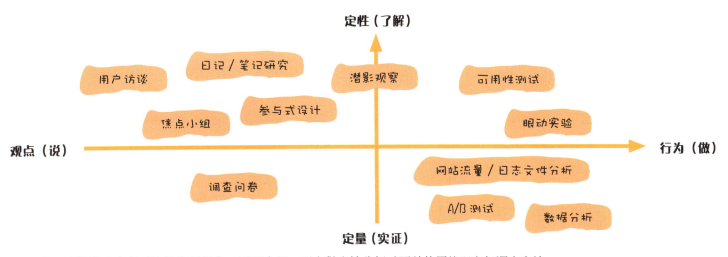

了解用户的方法矩阵

第一、第二象限的内容相对比较容易操作。下面介绍一下在做定性分析时可以使用的观察与调查方法。

第一象限（行为 + 定性）
可用性测试： 观察代表性用户对产品进行操作时的感受和体验，从而评估产品的可用性，并进行改进。
眼动实验： 通过视线追踪技术，监测用户在看特定目标时眼睛的运动和注视方向，从而探知用户的心理活动。

第二象限（观点 + 定性）
用户访谈： 面对面地与受访者交流感受、体验与个体经历等，获取用户关于生活、经验或情景的观点。
日记／笔记研究： 让用户用自己的语言描述内在及外在的体验，使我们能身临其境地了解用户体验。
参与式设计： 邀请用户一起定义问题，定位产品，在产品开发过程中参与设计。
焦点小组： 邀请6~9名受访者组成小组，对拟定的特定话题展开深入的交流对话，把小组作为一个分析单元进行整体研究。
潜影观察： 在真实的场景中，以局外人身份，在不被用户察觉的情况下，记录用户的行为与语言。这种方法介于第一与第二象限之间。

甜咖啡还是苦咖啡？

要真实还原观察对象的使用场景，否则可能会得出错误的答案。

1992年，日本三得利公司推出罐装咖啡品牌WEST，主要针对的客户对象是当时日本喝咖啡最普遍的一个群体——20岁左右的年轻男性。在初创期，WEST投入大量费用，广告投放量占市场的8.2%，排行业第二，自动售货机遍布日本。可是，折腾了一大圈，市场占有率只有"悲催"的4.2%。

问题到底出在哪里呢？三得利公司聘请专家重新审视了整个事件。专家意外发现，尽管主要是年轻人喝咖啡没错，但20%的量（最多的）却是被中年劳动工人（比如出租车司机、卡车司机，底层业务员等人员）买走的。这个人群，几乎每天都靠喝咖啡提神，一周可以喝掉5罐以上。所以，他们才是真正要推广的对象。

这个人群到底喜欢喝什么样的咖啡呢？专家连忙请来一批劳工到办公室里，把微苦、微甜两种咖啡放在同样的包装里，请他们试饮，大部分人都表示喜欢微苦的。可是，这个答案是真实的吗？专家想，不如再次验证一下。于是又把两种口味的咖啡放到出租车站点、工厂等与劳工真正接触的场景。结果发现，微甜咖啡被拿走的更多！

真相大白了。原因是很多劳工"害怕承认自己喜欢甜味后，会被别人嘲笑不会欣赏正宗咖啡"。于是，他们在办公室里言不由衷地选了微苦的咖啡，其实他们工作时真正喜欢的是微甜的咖啡。

 **试试亲身体验目标人群的生活**

忘我无我，他就是我

亲身体验一下目标人群的生活也是一个好办法。但是也有几个操作方面的要求。我们可以按以下几个指引来执行。

①放下自己的主观想法，不要带着任何预设。

②把自己置于尽量贴近真实的场景中。例如，研究消防设施的使用，最好是在晚上不开灯的情况下试用，毕竟一旦起火，大楼大概率就断电了，而且烟雾条件下的能见度一定很低。还要限制好时间，尽可能模仿当时的紧张气氛。

③亲身体验整个过程。例如，把脚绑起来体验残疾人移动时的不便；把眼睛蒙起来生活一小时，使用指定工具，完成一些简单的指定任务，感受盲人的生活；戴上不合适的眼镜，感受老年人的老眼昏花，等等。

 **蹲下来的设计师**

有位妈妈带孩子去逛商场，她觉得孩子一定会喜欢这个热闹非凡的场所。可是和她想的完全相反，孩子在商场里一点也不高兴，甚至有点害怕，一直吵着要出去。妈妈不明白，喜欢热闹的孩子怎么会排斥这儿呢？当她蹲下来时，她明白了。在孩子的角度，只能看见一条条的人腿，以及一些高高的柜子，一点也不赏心悦目，反倒让人非常不舒服。而站着的大人，是想象不到这一幕的。

1954年，在建造迪士尼乐园时，为了更好地从儿童的视角来进行规划设计，设计师半蹲在地上，以和儿童同样高度的视线来观测并做出设计决策。只有站在孩子的角度，才能真正了解他们的世界。大人眼中的一个小台阶，在小孩子的眼里却是要花点力气才能迈过的高度；适合大人身高的座椅，孩子其实要花很大的力气才能爬上去；很多场所的窗口台面，孩子需要踮着脚尖才够得着……最终，对孩子特别友好的迪士尼乐园大获成功。

2.3 通过观察特定群体寻找创新方向

小白的世界 — 小白创新实操日记——"做饭"的一天

溅出来的油烫到了自己,好痛……

锅着火了,慌张得打不开灭火器……

米饭有时软有时硬,根本没法确定水和米的比例……

饭后为了谁去洗碗,争执不休……

你会做饭吗?遇到过什么障碍和困难吗?

你观察到的家人做饭时的烦恼是什么?

分析工具

2.3 通过观察特定群体寻找创新方向

设定考虑范围来寻找问题

对待普遍发生的或重大的问题，我们一直都希望拥有更好的解决方案

某些特定的领域，由于影响人群广泛，一旦发生问题，损失是巨大的，因而一直是创新的热土。我们可以通过设定思考范围，聚焦在某个领域来寻找问题，提升问题搜寻的效率。这些领域可能与我们的生活联系不太紧密，因此需要近距离地观察创新目标，以定义真正的问题，才有机会找到有价值的创新解决方案。

以下举了几个例子，但实际上值得研究的领域还有很多，大家可以根据自己的所见所想，自行设定范围。

环境保护主题

空气污染、海洋污染、动物保护、城市的环境等问题影响到了人、动物、植物，是个非常广泛的话题。我们可以一起思考一下，有没有办法降低外界污染对我们生活的影响？有没有办法来更高效率、更低成本地治理污染，比如设计一些装置到江河湖海里吸污、吸油？

垃圾处理主题

垃圾分类是当今的热点话题，执行起来却遇到种种困难。居民觉得扔垃圾不顺手，社区觉得群众不配合，有什么办法来解决呢？可以观察整个扔垃圾的过程，看看我们是否可以在某些环节帮上忙。

避免意外及救人主题

探讨如何避免各种意外的发生永远都是有价值的。可以尝试访问消防局，问问消防员都去处理过什么样的意外。我们可以一起思考一下，如何避免意外发生，或者意外发生后如何更高效地救人？

第 2 章 如何找到创新对象——提升观察力与共情力

应用练习

换个场景,发掘更多不同人群的痛点

2.3 通过观察特定群体寻找创新方向

生活中的场景介绍(按场景分类,为精准找痛点做铺垫)

who + when + where + what + how
人　　时间　　地点　　事情　　方式

每组同学列出一种场景,交给旁边的小组,依次循环。直到每个小组都拿到一个设定的场景。

每个小组根据拿到的场景卡列出用户可能出现的需求和痛点。限定时间内完成痛点发掘最多、最好的小组可获得加分。

2.3 通过观察特定群体寻找创新方向

为特定群体做改善

完成以下任务,填写下表。

任务1:回家时,参与照顾亲戚家的3~6岁的小孩子半天时间。

任务2:模仿一个残疾人(蒙上眼睛或坐着轮椅),完成日常生活中的常见事务。

任务3:选择一种职业,认真与从业人员聊聊工作中的不便。有条件的话,可以请他们实地演示一下工作过程。

体验的场景	感受到的困难与障碍	拟改进的物品	你希望物品呈现的理想状态

第2章 如何找到创新对象——提升观察力与共情力

2.4 批判性思维与共情能力的培养

批判性思维

批判性思维是指能对所有看似合理、普遍的现象以及观点提出质疑，并能说出其中道理的思维方式。

人的思维决定了一个人的行为，但大多数时候，思维本身都是有偏见的、歪曲的、不全面的、信息不全的。这些缺点无法避免，但我们可以尽量让思维做到公正客观，这就是批判性思维的意义。严格来讲，带有批判性就是指尝试对一件事情的好坏进行客观的判断。

学习批判性思维，有助于提高我们对事物的分析能力与判断能力，发现事物背后的本质问题，并做出行动。

批判性思维的应用步骤

提出质疑 悬空判断 **寻求证据 做出判断** **回答问题 做出行动**

对待所有事物，我们应当先有一个公正的态度，把自己的认知水平降低到婴儿水平。大胆地问出："为什么？""一定是这样吗？""这合理吗？"只要发出疑问，你就完成了批判性思维的第一步。但千万不要急着做出判断，把问题悬空，我们来找找证据。

要做到公正，我们必须去寻求具有实质性的证据，这一步我们应当像侦探一样，不放过任何一个线索。但同时需要注意的是，你一定要抛弃所有的偏见，要带着问题去寻找证据，而不是带着观点去寻找证据。在证据与信息都尽可能齐全后，再做出判断。

在做出判断后，你有两个答案：①你的质疑是无意义的；②你得到了一个截然相反的答案。如果是前者，那么我们赶紧再来一次；如果是后者，这种看似合理的"不合理"，就非常耐人寻味了。原来这件事情根本就不是它表现出来那回事，但为什么会这样呢？仔细思考，写出答案，然后，做出行动。

2.4 批判性思维与共情能力的培养

批判性思维应用测试

尝试使用批判性思维，质疑、批判生活当中那些常见的现象，看看是否能找到那些不合理的事物。

提出质疑：老人说的是真心话吗？	证据：质疑老人说的不是真心话是依据？	判断：老人为什么这么说	洞见：老人的真实想法是什么？	我们要怎么做：帮助老人在城市更幸福生活
老人真的不喜欢离乡随儿女住在陌生城市吗？	①比起在农村，城市的生活条件与设施都要更完善一点。②城市能够接触到的人更多，除去家人似乎也可以有人陪伴。	老人其实并非不喜欢城市，但是对城市的陌生以及缺少朋友，加剧了他们的思乡情结。	比起向家人倾诉自己的孤独寂寞，表示不喜欢城市想要回到家乡对于老人来说更容易开口。	帮助老人解决在陌生城市的孤单寂寞，归属感、认同感缺失的问题，提供解决方案。（如组织社区老年人聚会、设计针对老人的社交软件、让老人上兴趣班……）

第 2 章 如何找到创新对象——提升观察力与共情力

47

知识介绍

共情：设身处地、换位思考、感同身受

共情最早出现在心理咨询中，是指感性地将自己代入对方的角色、场景，尝试理解并认同对方的情绪，并在这种情绪下去思考、理解对方。

同理心是指用理智的逻辑的方式去设想，自己在与对方同样的情境下的感受。

共情与同理心的区别：同理心偏理性，共情偏感性。我们既要在理性上学会换位思考，也要练习从感性上感受对方情绪的能力。

同理心与共情能力，是我们察觉别人的需求，找到创新起点的重要能力。

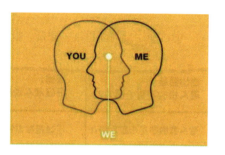

如何获得共情能力

发现

通过阅读相关资料或与用户面对面等途径，研究用户的生活场景、过去的经历等，发现用户的痛点。

沉浸

走进用户的生活，体验用户的生活，完全沉浸在用户的世界，从用户的角度去理解他的思维和行为。

连接

找到与用户的共同经历，在与用户的交流中就某些问题产生共鸣，并产生连接。

分离

认知用户以后，走出用户的生活，重新理解和界定问题，并给出有效的解决方案。

分析工具

学会共情别人身上的痛苦

共情有以下三个层次。

第一层：换位思考。能站在他人的立场上，理解对方的做法，但是感受不到对方的情绪。

第二层：共情对方的情绪。能与对方感同身受。

第三层：提供恰当的关怀。能感觉到对方需要帮助，并且想办法去提供这种帮助。

例如，奶奶为什么不愿出门？换位思考，能让我们理解并尊重她的选择。共情，能让我们意识到奶奶其实是腿脚不便，不愿麻烦别人，其实她也想出门走走。提供恰当的关怀，指当我们意识到奶奶需要我们的帮助时，寻找合适的工具、方法帮助她出门。

观察其他人的行为与抱怨。每一次的抱怨，背后都有一个痛点。尝试去共情别人身上的痛点。

举例

婴儿用水银体温计量体温，不断啼哭、不配合。

如果你批评他、强行按住他，你会暂时性地解决问题，还可能收获一个听话的小宝宝。

但能共情他的恐惧的人，开发出了非接触式体温计，只要"嘀"一下就能量出体温。

举例

下雨天，一边打着伞走路一边回复手机消息，显然不是值得倡导的行为。如果和家人在一起时这么做了，会招致妈妈的批评：走路就好好走路，还玩什么手机。

但能体会这种需求的人，开发了环状手柄的雨伞，并最终帮助了那些确实不方便手持雨伞的人。

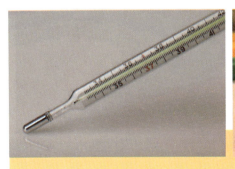

2.4 批判性思维与共情能力的培养

海盗船 CT 机——给儿童带来全新的就医体验

对于很多生病需要做检查的孩子来说，CT 机的外形会令他们感到恐惧。很多小孩不断哭闹，导致检查无法正常进行，近 80% 的儿科患者需要服用镇静剂才能做 CT 检查，医生、家长为此都感到非常头疼。他们要花大量的人力物力去解决儿童不配合检查的问题。常用的服用镇静剂的方法也会带来很多不良的影响。

CT 机的发明者道格·迪兹为美国纽约摩根士丹利儿童医院重新设计了儿童 CT 机扫描检查的全部体验。他把 CT 检查变成了孩子的冒险历程：CT 室的墙壁也一改往日的风格，上面印有卡通图案，比如一只身穿海盗服的小猴子正在快乐地拉着绳索，还有一只戴着眼罩的独眼老虎正在四处张望，海盗城堡上的旗帜正在迎风飘扬，飞舞的海鸥和漂亮的椰子树更为整个 CT 室增添了一股大海的气息。最吸引人的是，CT 机上印着一个大大的船舵，这让小患者有一种即将扬帆起航的感觉。他还请懂孩子的人对医务人员重新培训，教他们用孩子能听懂的语言解释噪音和检查舱的运行，并配合设计的场景指导检查流程，孩子接受检查时，首先会踩着木板进入"海盗岛"，然后慢慢躺在船型检查床上，在孩子进入 CT 机时，医护人员会对孩子说："好了，你现在要潜入这艘海盗船，别乱动，不然海盗会发现你的。"被大多数大人看作幼稚的情景设计对孩子来说却非常适用。几乎八成的儿童患者会主动选择海盗船 CT。最为戏剧化的结果是一个做完检查的小女孩跑到妈妈身边说："妈妈，我们明天还能来吗？"

结果表明，卡通主题的 CT 室让检查效率提高了，需要服用镇静剂的孩子数量从 80% 降到了 10%。对孩子来说，严肃、恐怖的医疗检查过程仿佛变成了一场童话冒险游戏，整个环境有效地缓解了紧张压抑的情绪，他们以更为主动和愉快的心态积极配合医疗检查程序，医院也没那么可怕了。

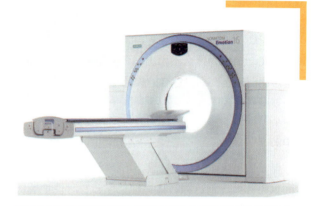

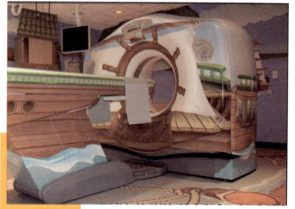

分析工具

2.4 批判性思维与共情能力的培养

当我观察到难题，我可以往这些方向思考

进一步想一想社会中的各种职业、岗位、人群，他们都有些什么难题？
我们能不能尝试往这些方向去思考一下如何做改善？

我观察到的难题……		可能的思考方向……
需要长时间培训才能掌握的	➡	有没有可能采用人工智能、深度学习？
作业环境恶劣或者有危险的	➡	能否设计一个机器人代替人？
需要采集各种数据才能做判断的	➡	能否考虑物联网自动进行数据搜集与上传？
要很多步骤才能完成的	➡	能不能减少步骤？部分步骤实现自动执行？
解决方案比较昂贵不能普及的	➡	能不能简化设计，降低成本？

第2章 如何找到创新对象——提升观察力与共情力

小白创新实操日记——学会发现痛点

2.4 批判性思维与共情能力的培养

痛点 2——鞋子/路面太滑

不小心摔一下的话……

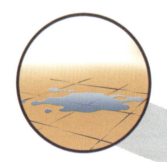

痛点 1——积水的路面

雨后路面的积水总是没人清理，招来蚊虫不说，还有使行人摔伤的风险……

痛点 3——过重的书包

感觉每天自己在"愚公移山"……

我明白了！原来痛点一直就在身边。只要留心观察，便能发现。

你还发现了生活中哪些痛点，写在下面的圆圈里吧。

第 3 章

创新地解决问题
——提升逻辑思考力

- **3.1** 寻求创新方向
- **3.2** 佩特创新 36 技

我也能创新

绿水青山就是金山银山，中学生发明特殊酵母改变水质

几个中学生，在某一次科学调研中获得了灵感，怀抱理想，开发出了一款产品，然后走向市场，站上舞台，拿了大奖。这不是电影里的故事，而是发生在中山大学附属中学几个中学生身上的真实事件。

2018年的一次暑假，陈如欣与她的团队成员参加了一次科研考察。在考察中她发现，基地养虾池的水因动物粪便、饲料残渣的影响，根本无法继续养殖水产生物。如果要连续养殖需换水或建立水循环系统。而这些方法成本高昂，操作复杂，效果还不好。"为什么没有一种更好的方法？"在调查后，他们发现，水质不好的根本原因在于氨氮含量高，这会导致养殖动物死亡。

如果只要解决一个问题就行，那为什么不试试？团队马上开始动工，在向专家请教后他们得知，利用酵母来优化养殖场的水质，可能是一条可行的路。想法终归是想法，这群执行力超强的学生马上提出了设想，开始了行动。他们提出：能否从海洋中寻找到这种能够有效降低氨氮含量的酵母呢？团队里的生物小能手莫曓先马上开干，利用实验室的设备，从海水中筛选出5株有一定去除氨氮功效的酵母。但团队也很快发现，仅有去除氨氮的功能，是明显不够的，于是，在对养殖场水质的研究中，他们提炼出了一个目标——酵母要有多功能，同时得适合养殖场条件。有了明确的目标，团队又开始了多次实验，不断测试酵母的特性：是否有足够的活性物质、能否抑制致病弧菌……在多次实验后，一株具备多功能的酵母被筛选出来。这款酵母不仅具备去除氨氮的功能，还能提高水质，抑制病菌，促进营养物质的生长，非常适合养殖场的环境。

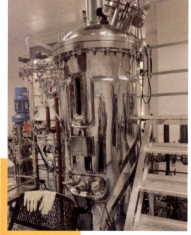

在投入使用后，团队的付出得到了认可，不仅试用用户的反馈良好，企业也决定投资合作生产。团队也借此机会站上了互联网+创新创业大赛的舞台，得到了更多人的认可。

3.1 寻求创新方向

创新三步骤

做一项有价值的创新，需要创新地提出解决方案，且能让用户感受到我们确实解决了问题，因此这对创新者而言，是一项很不容易的工作。许多创新者都有一个烦恼，便是面对千头万绪的创新活动不知道从何开始入手。

因此，在创新方法一环，我们设计了三个步骤，帮助初次体验创新活动的同学更快更稳地实现一项有价值的创新。

1. 畅想理想产品的状态 → 2. 洞察根本原因 → 3. 寻求创新方法

每一个步骤，我们都提供相应的方法、工具与案例，让大家可以在有效的指引下操作执行。

畅想理想产品的状态

通过上一章，我们可能已经找到了用户的需求，或者是对现有产品的不满。那么该如何去解决呢？

首先，我们可以一起来畅想一下理想的产品（或解决方案）的状态是什么样子的。寻求理想的产品状态，需要到用户中调研，但又不能完全听取用户的意见，因为用户不可能有足够的前瞻性，也不可能完全理解技术的发展规律。例如，在汽车被发明之前，如果去调查所有用户的想法，他们都会说希望得到一辆跑得更快的马车。甚至在汽车被发明出来的初期，还常被用户嘲笑，说它跑得还不如马快。

史蒂芬·柯维在《高效能人士的七个习惯》一书中提到，高效能人士的第二个习惯是"以终为始"。"以终为始"思维是一种反向思维方式。就是从最终的结果出发，反向分析过程或原因，寻找关键因素或对策，采取相应策略，从而达成结果或解决问题。这种思维方式是不是也可运用于产品研发呢？你可以设定一个完美产品的最终目标，反向分析当前市场上的产品无法实现最终目标的原因，寻找为什么这些原因会阻止完美产品的出现，如何消除这些不利因素，从而解决当前市场上的产品尚未解决的问题。

当我们面对一个有缺陷的产品时，我们应该先给这个商品设定一个完美目标，确认我们设定的目标是否达到了最理想的状态，由于资源限制目标无法直接达到，所以一步一步往后倒推，分析完美目标无法实现的根本原因，再想办法解决这些"障碍"。

分析工具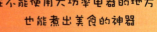

3.1 寻求创新方向

敢于打破常规，努力洞悉未来，寻求理想产品的状态

我想要……

- 背起来一点都不重的书包
- 从此写错题本再也不用抄题的神器
- 能瞬间听懂各种方言的神器
- 让家里永远保持干净整洁的神器
- 在不能使用大功率电器的地方，也能煮出美食的神器
- 能让婴儿立即停止哭泣的神器
- 以后再也不用晾衣服叠衣服的神器
- 眼观六路耳听八方的自行车
- 让手残党也能煮出好吃的食物的神器

5WHY 分析法 —— 逐步倒推，找到根本原因

从希望实现的状态至寻找到破解之道，中间隔着 5 个"WHY"。

5WHY 分析法，又称"5 问法"，也就是对一个问题点连续以 5 个"为什么"来发问，以追究其根本原因。这种方法最初虽然被称为 5 个为什么，但使用时不限定只做"5 次为什么的探讨"，重点是必须找到根本原因为止，有时可能只要 3 次，有时也许要 10 次。5WHY 分析法的关键所在：鼓励解决问题的人要努力避开主观或自负的假设和逻辑陷阱，从结果着手，沿着因果关系链条，顺藤摸瓜，直至找出原有问题的根本原因。

例如，前面我们提到，想要一个让宝宝瞬间停止哭泣的神器。看看 5WHY 分析法能不能帮到我们？

问 题	原 因
为什么宝宝会哭？	因为宝宝没有安全感。
为什么宝宝没有安全感？	因为宝宝出生之前的环境和出生之后的环境发生了变化，熟悉的环境没了。
为什么宝宝熟悉的环境没了？	因为宝宝在子宫里被紧紧包裹着，能听得到妈妈的心跳声。
为什么宝宝听不到妈妈的心跳声？	因为宝宝放在床上、婴儿车上，没有抱在怀里便听不到妈妈心跳声。

讨论到这里，你是不是已经想到解决方案了呢？我们是不是可以在婴儿车上用声音、温度模仿出宝宝熟悉的环境呢？

那么，怎么才能确定我们找到的原因已经是根本原因了呢？有以下三个原则：第一，你找到的原因无法继续追问；第二，你找到的根本原因已经是不可抗力，比如天气原因或者发生了地震等；第三，你找到的原因涉及国家法律法规及相关政策的约束或者已经到了生产成本的极限。

①原因分析要基于现实，绝对客观，不能推测、臆想或者假设，更不能找借口、找理由。
②有的问题可能不止一个原因，要找出所有可能的原因。
③不要认为答案是显而易见的，要有"打破砂锅问到底"的精神，锲而不舍。

3.1 寻求创新方向

启发案例

用 5WHY 分析法解决脚痒问题

一位学生提出一个问题,说上学路上如果下雨,会导致湿的鞋子会闷着脚一整天,然后晚上整个脚都很痒。他畅想着,是不是能够解决一下脚痒的问题。于是,我们一起进行了 5WHY 分析法,尝试找到原因。

问 题	原 因
为什么脚痒?	因为长了真菌。
为什么长了真菌?	因为下雨,上学路上鞋子湿了,无法及时烘干。
为什么没有及时烘干?	因为公共场所没有鞋子烘干机。
为什么公共场所没有鞋子烘干机?	因为现有的鞋子烘干机都是以发热棒的形式插入鞋子内部,在公共场所共享使用会导致严重的卫生问题。 而且现有的烘干机只能发热,也无法解决灭菌的问题。

找到问题根源后,这个学生设计了一个共享烘鞋机。和现有的鞋子烘干机不一样,共享烘鞋机是一个柜式的装置,鞋子放入共享烘鞋机后,该设备会在内部完成喷涂纳米材料杀菌、鼓风烘干、喷洒芳香剂等多种动作,不但能快速解决鞋子的烘干问题,还能灭菌、除臭。该设备在研发过程中,还获得了三个实用新型专利。

小白创新实操日记——初学 5WHY 分析法

3.1 寻求创新方向

 我们现在来学习 5WHY 分析法，我先考你一个问题：吃完火锅有异味，不能去参加商业会谈的痛点怎么分析？你来开始问。

吃完火锅为什么要去开会？

 ……

为什么要吃火锅？

鱼和熊掌不能兼得。火锅和开会只能选一个啊。

 如果吃火锅是公司团建必须参加，商务会谈是客户约的时间呢？

第 3 章 创新地解决问题——提升逻辑思考力

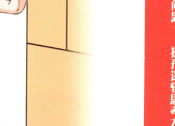

3.1 寻求创新方向

5WHY 分析法正确示范：层层递进找问题发生的根本原因

问题	原因
为什么吃完火锅衣服上会带着味道？	高温下，火锅中香辛料物质的味道被水蒸气带到了空气当中，快速扩散并附着于我们的衣服上，产生难闻气味。
为什么味道难闻呢？	香辛料味道大，肉类及海鲜的腥味、膻味附着衣服表面，难以散掉。
为什么味道难以散掉呢？	油滴中的香味分子，尤其是牛油火锅产生的香味分子，不易挥发。
有没有办法让香味分子挥发呢？	味道的浓烈程度以及持久度主要和衣服的材质、通风情况有关。有些衣服更容易附着气味，比如羊绒大衣、毛衣等衣物。
怎么解决羊绒大衣和毛衣容易附着气味的问题呢？	能不能想办法改变这些衣物的表面结构，或者加上一层不易附着香味分子的材料？

知识介绍

努力发掘不同的解决方案

3.1 寻求创新方向

对于同一个痛点，可以有不同的解决方案。以脱发为例，植发终身有效，但价格昂贵，过程复杂；增发纤维粉虽然只能一次性起作用，但方便又便宜。不同的人，会根据自己的需求去做选择。例如，有的人只是发际线偏后，只需要局部的假发垫片；有的人虽然头发稀疏，但只希望在关键场合能有一个好形象，便可以选择增发纤维粉；有的人希望改善头皮健康，长出一些新的头发。什么是最好的解决方案？其实，不同的人群有不同的需求，很难说某一个解决方案便是绝对好。如果能找到针对的细分人群，便一定可以找到更适合他们，或更受这个人群欢迎的解决方案。因此，不要因为找到的痛点已经有了解决方案，便放弃对潜在解决方案的探索。

头顶凉风阵阵

解决方案1：激光生发仪（生发帽、健发梳、头盔）
做法：基于低能量激光疗法技术研发，获得了 FDA Ⅱ 类辅助治疗方法的认证，被证明对促进毛发生长有效。
费用：3000~4000 元

解决方案2：植发
做法：通过特殊器械将头发毛囊周围部分组织一并完整切取，移植到新的位置。
费用：30000~40000 元

解决方案3：假发
做法：人造技术制造而成的头发，通过一定的办法将其固定在头上。
费用：500~3000 元

解决方案4：假发垫片
做法：人造技术制造而成的头发垫片，将其固定在头上，能解决部分位置头发稀少的问题。
费用：10~40 元

解决方案5：增发纤维粉
做法：通过物理静电，让细小的植物纤维像小磁铁一样吸附在头发上，视觉上达到以假乱真的效果（一次性）。
费用：59 元

解决方案6：防脱发洗发水
做法：在洗发水中加入对头部皮肤病有一定治疗作用的成分，可以起到一定的防止脱发的效果。
费用：80~300 元

解决方案7：物理增发
做法：将一缕（4~6根）科技发丝以扎环打结的方式固定在自身健康的毛发根部，达到增加自身毛发 4~6 倍数量的目的（每次操作有效时间长达几年）。
费用：5000 元左右

第 3 章 创新地解决问题——提升逻辑思考力

61

 **分析工具**

搜索现有解决方案，并找出他们的不足之处

第一步 求助淘宝、百度
先上百度、淘宝查一查，多变换几个关键词。如果已有同类产品，看一看大家的想法有没有什么差异。

第二步 到专利检索网站搜索是否有创新性相似的专利

专利检索常用网站
①中国专利公布公告网 http://epub.cnipa.gov.cn/
②专利检索及分析网 http://pss-system.cnipa.gov.cn/
③中国及多国专利审查信息查询 http://cpquery.cnipa.gov.cn/

在搜索页面，输入相关联的关键词，看看都有哪些解决方案，看看他们的创新性是如何体现的，面对当前我们考虑的用户群体，有没有什么不足之处。

 **启发案例**

如果市面上已经有烘鞋机了，我还能做不同款式的烘鞋机吗？

当我们上淘宝检索，发现已经有很多卖家在卖烘鞋机了。但是我们发现，这些烘鞋机都是插入式的，如果大家共用的话会有严重的卫生隐患。也就是说，当这个烘鞋机是用于共享使用的场景时，当前产品并不能满足用户需求。于是，我们便找到了属于我们的市场机会。

分析工具

3.1 寻求创新方向

以不同方式解决问题（差异化）

- ？
- 更节能
- 更简单
- 可拆装
- ？
- 更便捷
- 更便宜
- 限量供应
- 更可爱
- 更贵
- 不同场景
- ？
- 更美观
- 更优质
- ？
- **想要解决的问题**
- 更精致
- 个性定制
- 更冷酷
- 跨界组合
- 不同成分
- 更营养
- 更耐用
- 更小众化
- 更大
- 更易耗
- ？
- ？
- 更迷你
- ？
- 更大众化

第 3 章　创新地解决问题——提升逻辑思考力

63

发掘更多不同的解决方案

选中一个生活中的常见痛点，写出问题的初步解决方案，以及已存在和未来可能的不同的解决方案。

例如，做饭（电饭锅）

　　　　冬日取暖（暖炉）

　　　　扫地（扫把）

　　　　…………

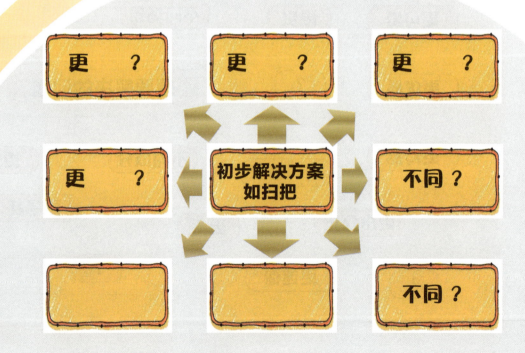

3.2 佩特创新 36 技

创新，简单而言就是创造和发现新事物，但**不局限于实体产品，还包括新型的流程、服务、互动、娱乐模式、交流与合作的形式。**

创新，不是靠拍脑袋去捕捉乍现的灵光。创新，有可遵循的原理、方法与技巧。俄国学者根里奇·阿奇舒勒 (G. S. Altshuller) 通过分析大量专利和创新案例创建了 TRIZ 理论，揭示了创造发明的内在规律和原理，做出了划时代的贡献。我国的李葆文教授对创新的分类进行了重新解析和归纳，并借孙子兵法"36 计"的提法，用四字成语为创新方法命名，即佩特创新 36 技，对我国的科技创新发挥"启迪思路"和"引领探索"作用。

本节将为大家呈现这 36 种创新方法。值得指出的是，某些创新内容也许可以同时归类为不同的创新分类范畴，这是因为我们归类的视角不同，或者因为创新内容本身就具有多质性。例如，某些创新既属于"突变"的创新，又属于"渐进"的创新，另外一些创新既属于"聚合"的创新，也属于"缩放"的创新。这 36 个创新方法无疑可以帮助我们打开思路，找出创新规律，由自发、自然的创新变成自觉、有序、有效的创新，让创新快速突破，成果倍增。

佩特创新 36 技

佩特创新36技分类

第一类 物性转变（橘黄色系）
即转变物理、化学性质的12种创新方法。

海纳百川	化整为零	更新换代	重峦叠嶂
大道至简	纵横交错	滴水成冰	曹冲称象
牵肠挂肚	虚虚实实	丢卒保车	天罗地网

(1–12)

第二类 多维变换（湖蓝色系）
即多种维度变换的12种创新方法。

层出不穷	四平八稳	东倒西歪	精雕细琢
伸缩自如	留有余地	须弥芥子	偷梁换柱
上下左右	五光十色	千形万态	接连不断

(13–24)

第三类 借势应变（草绿色系）
即巧借外力的12种创新方法。

周而复始	草船借箭	五味俱全	五音六律
格物穷理	一反常态	跌宕起伏	否极泰来
含沙射影	前车之鉴	势不可挡	相互依存

(25–36)

3.2.1 物性转变原则下的 12 种创新方法

第 1 技 「海纳百川」

解释："海纳百川"就是将不同的子系统和个体集聚在一起，形成合力，或者铸成更加强大的功能，其应用手段包括**聚合、融合、整合、组合、凝聚、合成**等。

释义1：使多个功能聚合到一个对象身上。
案例：大力智能作业灯

在单独的某一种功能显得过于单调或成本高昂，又或者多种功能的使用场景属于同一类时，便可以考虑让多种功能聚合起来，以满足用户的不同需求。如这款专门为学生设计的智能作业灯，在传统台灯的基础上增加了作业辅导、视频通话等功能。在提高学生学习效率的同时，又能减轻家长辅导孩子学习的负担。

大力智能作业灯

烟花

释义2：将不同的材料合成来实现对象的功能、功效改变。
案例：烟花

有时，单一的材料并不能发挥出有效的作用，这时，便需要考虑利用不同材料合成的特性来实现。如春节期间常见的烟花，我们之所以能看到不同颜色、样式的花火，是因为在制作烟花时，往里面添加了发光剂，这是火药与发光剂的合成。而火药本身则又是一种合成，是将硝石、硫黄和木炭以一定的比例配比合成的。这种合成将硝石等材料本身不具备的功能发挥出来，实现了另一功能。

知识介绍

第 2 技 「化整为零」

解释:"化整为零"是将一个整体的构件(系统)拆分成零散的子构件(子系统),突出子系统的特色和功能。应用手段包括**拆解、分割、剥离、消减、离散化、个性化**等。

释义1:将对象拆分成多个部件。

案例:智能车灯

远光灯使用不当是驾驶员最为反感的一种恶习,因为远光灯的高亮度容易对其他车辆的驾驶员或行人造成短暂的致盲效果,进而导致严重的交通事故。奔驰公司是如何解决这个问题的呢?奔驰公司的智能车灯技术将车灯拆分为84个单独控制的LED灯,并配上机器视觉技术。当检测到行人或其他车辆时,会自动关闭影响他人的车灯。在照亮道路的前提下,也能避开对他人的影响。

智能车灯

空调内外机

释义2:将对象中有用或有害(无用)的部分剥离。

案例:空调内外机

空调需要制冷,则会不可避免地产生噪声。将空调拆分为内外机,将制冷的部分用于室内,产生噪声的部分置放室外。既解决了噪声的问题,又提高了制冷的效率,使得整体优势得以突出。生活中我们常常会遇到诸如此类的案例:把无用的线去掉,我们便得到了无线耳机;把柠檬中有用的精油提取出来,我们便得到了柠檬香水。

知识介绍

第 3 技 「更新换代」

解释:"更新换代"是指通过**迭代、升级、新版、辗转、渐进**等方式进行革新的方法。

释义1:在原有产品基础上进行功能增减或性能改变。

案例:手机

在手机刚刚诞生的时候,手机的功能只有打电话与发短信,随着手机技术的不断进步,如今手机的功能已经几乎覆盖了所有日常使用场景,打电话、定位、叫餐、支付……如果让你创新,你会在手机里增加什么功能呢?

大哥大手机

智能手机

相机的进步史

释义2:在不更改产品核心功能的前提下,进行技术迭代。

案例:相机的进步史

相机经历了搭配反光镜的暗箱、胶卷机,才到今天的数码相机。成像技术的迭代升级,让拍照更简单,人人都可以是摄影师。如今,更多人喜欢用拍照来记录生活,这有赖于成像技术的发展。

释义3:根据市场反馈进行渐进式升级。

案例:微信

过去创新强调一步到位,把产品做到极致,功能做到全面。但现实却是,在你的产品没有到用户手中时,你并不知道它的好与坏。于是,不断进行更新的渐进式升级成了一种更好的方式。这样既规避了前期投入大量成本的风险,又能很好地根据用户需求进行不断修改,增加用户黏性。

微信

知识介绍

第 ④ 技 「重峦叠嶂」

解释："重峦叠嶂"是指通过**重构**、**重组**、**变异**、**重排**、**重序**等方式进行革新的方法。

释义1：使对象的结构、排序可改变。

案例：可拆卸裤子

如果让你只带一条裤子去越野，你会如何选择？是选择清凉且可以涉水的短裤，还是防蚊、防割伤的长裤呢？单一结构的裤子可能让我们难以选择，于是，可拆卸的功能裤便应运而生，兼具两者的优势，并且可以根据场景随意切换，你是否会选择这样的一条裤子去越野呢？

可拆卸裤子

释义2：改变对象原有的结构。

案例：隐形眼镜

眼镜由镜框、镜架、镜片三个部件组成，长期戴眼镜，耳朵和鼻子总会承受多余的压力，除了减少眼镜的重量，是否有另一种方式呢？去掉镜架、镜框，隐形眼镜就出现了。通过对传统眼镜的结构进行重构，在美观的同时，又没有了普通眼镜的弊端，这一新技术便获得了更多人的肯定。

普通眼镜　　　　　隐形眼镜

知识介绍

第 9 技 「大道至简」

解释:"大道至简"就是利用**简化、简约、省略、删减、排除、消减、抽象**等方式进行革新的方法。

释义1: 在空间、时间、操作、功能、条件、信息、外形等维度进行简化。

案例1:一键叫车

并不是每个人都喜欢功能多样,操作复杂的产品,如果你的目标用户是老人、小孩,或者是一些特殊人群,简单的产品才是他们最爱。如网约车,对于年轻人来说看似轻松的操作却要让老人操作半天。针对这一痛点,不少网约车企业推出了"一键叫车"的服务,以优化老年用户的叫车体验。

一键叫车

案例2:咕咕机

过去,我们在打印时总是要依赖一台精密的打印机和复杂的操作才能完成。这样的体验给部分用户带来了困扰,于是,"咕咕机"横空出世,极小的体积带来了便携的优势,简单的条件和操作赢得了更多用户的喜爱。

咕咕机

释义2: 将无用(有害)的对象排除或消减。

案例:降噪耳机

每当我们坐上公交车,或是走进步行街,便无可避免地要遭受噪声的污染,既然我们无法解决噪声源,那为何不尝试将这些噪声隔绝于我们的耳朵之外呢?降噪耳机便为此而诞生,利用特殊的降噪技术,播放相反的音频抵消噪声,得以让用户获得一个安静的体验。在遇到一些人们无法忍受但又无法改变的问题时,我们可以对这些问题进行消减,以减少它们对我们的影响。

降噪耳机

知识介绍

第6技 「纵横交错」

解释:"纵横交错"是让功能和系统**跨越**、**交叉**、**交汇**、**跨界**、**越界**、**合成**、**双赢**、**共赢**的一种革新方式。

释义1: 使两个对象的功能配合,以获得更好的效果。

案例: 西西弗书店 & 矢量咖啡

对于热爱阅读的人来说,在汲取知识的时候,总不免困意上头,这时候,一杯咖啡或是好茶便能提神醒脑,让人精力充沛。于是,有人将书店与咖啡馆放在了一起,并取得了成功。这种相互配合又能实现双赢的创新已经逐渐兴起,便利店总要配以简单的快餐,服务区总是与加油站开在一起。这种相互配合的模式是洞察到了同一类用户的不同需求,并且为之提供服务。在满足用户需求的同时,又为自己带来了利润。

西西弗书店 & 矢量咖啡

游戏公司做音乐

释义2: 使两个对象跨界合作,来实现双赢。

案例: 游戏公司做音乐

拳头公司是英雄联盟游戏的制作公司,但却被冠以"音乐公司"的美称,为什么呢?原来是因为拳头公司经常跨界与一些音乐人合作,为游戏角色或主题创作歌曲。这样一方面使得游戏获得了音乐爱好者的关注,又让音乐创作者获得了游戏爱好者的喜欢。双方的跨界合作不仅不影响他们主要业务的发展,反而让他们获得了更多的粉丝。

知识介绍

第 7 技 「滴水成冰」

解释："滴水成冰"是指通过**相位转化**、**物理变化**、**化学反应**而实现革新的方法。

释义1：改变对象的物理聚集状态（固体、液体、气体）。

案例：舞台烟雾

通过改变对象的物理聚集状态，有时候能起到意想不到的效果，如我们常常在舞台表演上看到的烟雾，便是该技巧的一种使用案例。其实舞台烟雾的原理十分简单，是利用了干冰与空气中的水蒸气升华、液化的原理。干冰的沸点很低，常温放置便会受热，在空气中升华成气态二氧化碳，而升华吸收大量热，导致空气中的水蒸气液化成小水滴，雾就形成了。

舞台烟雾

液体减速带

释义2：利用对象的物理、化学性质效应。

案例：液体减速带

非牛顿流体是一种"遇强则强"的特殊液体，当它受到某种力，如撞击或拍打时，黏度会发生改变，宛如固体。欧洲一家公司利用非牛顿液体的特性，制造出了一种特殊的液体减速带，用一种抗压高的特殊塑料包裹着非牛顿流体制成。当车辆以规定速度行驶过时，减速带对车辆不会造成影响，非常平稳；当车辆超速行驶时，会产生颠簸，使其减速下来。这样的设计既能够让守规矩的司机获得平稳的驾驶体验，又能使超速的车辆减速下来。

第 6 技 「曹冲称象」

解释:"曹冲称象"是通过改变**参照物**、**参数**、**数量**、**强度**、**参照系**等方式进行革新的方法。

释义1:改变参照物、参照系。
案例:冬眠技术

时空穿越是人们一直在幻想的一项技术,在过去,人们幻想的穿越技术是乘坐着哆啦A梦的时光机穿越到未来。而科幻小说给了我们一个新的启发,如果将人类的生命体征以极低的温度一直保存到未来,是否也是一种穿越呢?这种更改参照系的技术,已经在美国一家公司开始进行试验。也许睡一觉,我们便能穿越到未来,这又何尝不是一种穿越的方式呢?

冬眠技术

额温枪

释义2:改变参照数、数量、强度。
案例:额温枪

自然界的一些模拟量是无法直接观察的,如重量、压力、温度等,但是在对这些模拟量有观察需求时,便需要依赖一些传感器与计算公式,来使得模拟量变成我们可观察的数字量。额温枪是疫情期间最为常见的一种测温仪器,通过接收人体发射出的红外线来进行计算,再将结果呈现在屏幕上,成为我们可观察的数字。这种改变参数的方式频繁出现在我们的电子产品上,是一种较为常见且有效地将参数可视化的技巧。

知识介绍

第 9 技 "牵肠挂肚"

解释："牵肠挂肚"是指通过**联动、连锁、反馈**等方式进行革新的方法。

释义 1：利用联动、连锁、反馈的方式使多个对象迅速反应。
案例：车联网技术

车联网技术是一种利用网络将所有车辆的动态信息收集并处理的技术。在过去，车祸的主要原因在于驾驶者判断能力受限，无法很好地判断路面情况。有了车联网技术后，无论是后方有车辆超车，还是侧方正有车辆在高速行驶，都能通过网络的方式将各种信息收集并反馈给车辆。这种技术结合人工智能，不仅可以实现无人驾驶，还可以大大降低车祸事故的发生概率。

车联网技术

汽车手刹

释义 2：利用机械结构使力量传动。
案例：汽车手刹

尽管利用电力与信号来进行控制更加方便，但在有些时候，利用机械结构来实现某项功能不失为一种更为稳定和经济的措施。如汽车手刹，尽管电子手刹已经出现，但是依然有一些汽车厂商选择使用机械传动的手刹，来避免一些极端情况的发生。利用机械结构来传动的第二个优势在于操作的反馈更为直接。如更多人喜欢机械键盘按下去时的直接反馈，而不是平板键盘按下去的电子震动。

第 10 技 "虚虚实实"

解释:"虚虚实实"是指通过**创造、导入或者改变介质、媒介、填充、中介**等方式进行革新的方法。

释义1:创造中介物使两个对象隔绝或导通。

案例:隔音玻璃

玻璃作为一种透光性较好的材质得到了广泛的应用。但本身的弊端在于无法完全隔音隔热,在既需要透光又需要隔音隔热的场所时,这种弊端便无法消除。一种新型的隔音玻璃通过在多层玻璃中加入真空层,使得玻璃之间的热量不会传导,也让声音无法通过玻璃传递,从而实现了隔音隔热的效果。创造中介物的另外一种用法是使两者导通,让中介物成为能量传递的媒介,如利用光纤来进行信号传输,或是加热鹅卵石传导热量来烤肉。

隔音隔热玻璃

跳跳糖

汽水

释义2:填充介质使对象拥有不同的性能。

案例:跳跳糖与汽水

跳跳糖与汽水都是在对象中添加介质的创新产品,两者都在产品中添加了二氧化碳,使其拥有特殊的口感。此类技巧常见于食品上,如在茶或咖啡中加入奶来提升口感;在制作不易入味的食材时,用水淀粉进行勾芡来提高汤汁稠度;用甜度高的水果来泡酒以中和酒的辣味等。巧妙地运用介质可以使得产品与其他产品与众不同,更具个性。

知识介绍

3.2 佩特创新 36 技

第 11 技 "丢卒保车"

解释："丢卒保车"是指通过**有失有得、舍尾求存、舍小得大**等方式进行革新的方法。

释义 1：抽离部分功能、部件来实现某种功能。

案例：折叠自行车

自行车作为代步工具深受人们的喜爱，但是，过大的体积有时候却成了麻烦。自行车由于体积太大无法带上地铁公交，在家中也成了碍眼的存在。但让自行车变成可折叠的，则无法避免部分功能的缺失。在遇到这种矛盾时，我们需深入理解产品的核心功能或者主要功能，用部分功能的移除来成全核心功能。如折叠自行车，便是移除后座功能而成全折叠功能的案例。

折叠自行车

太阳能板

释义 2：舍弃资源（能源）换取能源（资源）。

案例：太阳能板

电力是我们生活中接触最为频繁的一种能源。但电力不是无中生有的，而是需要舍弃部分资源或能源换来的。我们兴建了很多水电站、火电站、风电站、核电站，都是用资源或能源来换取电力的例子。哪怕是环保能源的太阳能，也需要使用大量的空间资源来换取。但有失必有得，我们在失去的更少，获得的更多的路上不断前行。

第 3 章 创新地解决问题——提升逻辑思考力

知识介绍

第 12 技 「天罗地网」

解释："天罗地网"是指通过**编织、联络、组织、网罗**等方式实现革新的方法。

释义1：利用网的物理结构设计。
案例：水果网袋

网状结构具有很多优点，如重量降低、通风透气、结构稳定等。在环保变成生活主题的今天，使用塑料更少或是其他材料编织而成的网袋成了更多商户和消费者的选择，其本身的优点也让它逐渐普及。

水果网袋

释义2：使对象数据通过网络形式聚集。
案例：城市大脑

城市大脑是整个城市的人工智能中枢，是对城市信息进行处理和调度的超级人工智能系统。通过对城市信息进行高速的分析并做出决策，替代了传统用人脑做决策的低效率做法，大大提高了城市运行的效率。如城市大脑可以通过判断道路的拥挤情况去调控整个区域的红绿灯时间，来提高道路的使用效率。

释义3：运用互联网思维。
案例：三只松鼠

三只松鼠

互联网思维是百度公司创始人李彦宏提出的，在互联网对人类社会造成巨大影响的今天，要用全新的模式去打造产品与品牌。如"三只松鼠"品牌，何以能用65天时间实现坚果网上销售排名第一的奇迹呢？便是使用了互联网思维中了解用户、塑造品牌的思维方式，获取了大量消费者的喜爱与认可。

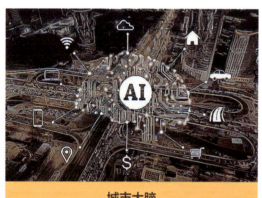

城市大脑

3.2 佩特创新36技

小白的创意工坊

家务神器

产品介绍
既可以扫地又可以拖地的神器,适合经常打扫房间的人群。

产品特点
多功能:既可以扫,又可以拖地,扫地、拖地的时候不用替换工具,可以一次完成。
一体化:扫把跟拖把是一体的,省去了扫完地还要去找拖把的环节。

运用方法
海纳百川。

"家里的扫把跟拖把怎么不见了?"

——小白妈妈

第 3 章 创新地解决问题——提升逻辑思考力

应用练习

学习如何利用物性转变原则下的 12 种创新方法，创造一款产品。如化整为零、虚虚实实、曹冲称象。

针对痛点

（×××人群在×××场景下存在×××痛点无法解决……）

_____

_____

_____

_____

_____

_____

产品名称

_____

产品介绍

功能：

特点：

所用方法

产品原型图

80

3.2.2 多维变换原则下的 12 种创新方法

第 13 技 「层出不穷」

解释:"层出不穷"就是通过**嵌套**或者**叠层**设计,来提升产品功效和价值的革新方法。

释义 1:利用嵌套或叠层的设计来收纳对象。

案例:嵌套设计

当一个产品有着大量的子产品或功能时,如果将它们全部展开,一方面会导致空间利用效率降低,另一方面会让用户在选择的时候无从下手。设计一款方便收纳的椅子可以提高空间的使用率;而在手机或软件的功能页面,采用嵌套式的设计,既可以把那些精准的功能隐藏而不至于影响整体的观感,又按功能进行了分类,从而方便用户寻找使用。

嵌套设计

保温杯

释义 2:利用嵌套设计将部件分隔,减少部件的相互作用或与外界隔绝。

案例:保温杯

嵌套设计的另一大优势在于可以将内部的对象很好地保护且与外界隔绝。如生活中常见的保温杯,它之所以能起到长期保温的作用,是因为在杯子的外壳与内胆中间有一层真空隔层,这个隔层使得温度无法或难以传导,而起到了保温的功能。对于一些容易被外界影响且需要保护的对象,利用嵌套设计进行保护是一种有效的方案。如常见的胶囊,便是由外包装、铝箔板、胶囊壳重重嵌套保护起来的。

知识介绍

第14技 "四平八稳"

解释:"四平八稳"是指"对称性"的变革,是通过**平衡、对称、稳定**的方式来实现某种功效的革新方法。

释义1:使对象平衡稳定,来完成某种功效需求。

案例:平衡车

对于初学自行车的人来说,摔跤就如家常便饭一般。为何不设计一款不需要借助前进动力也能平衡的代步工具呢?也许你想在单车两边加上两个辅助轮子让它变成"三轮车",但有的人却不这么做,而是设计了平衡车。平衡车是一种通过内置的陀螺仪根据外界情况不断调整姿态来实现平稳的产品。用户不需要担心站在上面会摔倒,因为这跟你站在地面上没什么两样。

平衡车

黄鹤楼

释义2:使用对称性外观设计。

案例:黄鹤楼

对称性的设计美学源于自然,也符合一些建筑与产品在力学上的稳定原理。观察身边,我们便会发现,无论是手机还是汽车、建筑或是水果,大多都是对称的。这种案例不仅广泛出现在自然界,也在我们的创造中反复出现。当我们思考产品的平衡性或设计产品外观时,便可以参考对称性设计,利用对称性设计来实现力学上的稳定结构,且符合大多数人的审美。

知识介绍

第 15 技 「东倒西歪」

解释:"东倒西歪"是指通过**不对称、反对称、反平衡**的方式进行革新的方法。

释义 1:利用杠杆原理来实现某种功效。

案例:投石机

"给我一个支点,我能撬起整个地球。"阿基米德说完这句话,并没有真的撬起地球,而是发明了投石机,打败了敌国的士兵。杠杆原理是利用反平衡的方式,设计合适的支点而达到省力或省距离的目的。杠杆原理在日常的应用十分常见,如剪刀、杆秤、扳手等。使用杠杆原理可以使得一些原本困难的或者不便的操作变得简单。如撑起汽车的操作,并不一定需要巨大的机器,小小的千斤顶便能完成这项任务。又比如自行车的踏板与刹车结构,都是利用了杠杆原理。打开脑洞,想一想,生活中哪些费力的操作也可以用杠杆原理来解决呢?

投石机

弯道倾斜设计

释义 2:使用非对称设计实现某种功效。

案例:弯道倾斜设计

如果说对称性设计是为了符合大多数人的审美习惯,那么非对称性设计则是为了彰显个性。一些著名的现代建筑利用不对称设计来展示个性,也给我们留下了更为深刻的印象。但除了外观设计外,不对称性设计也可以应用于一些特殊的场景。例如,为了抵消离心力而设计的倾斜弯道。在这些特殊场景下,利用不对称设计反而起到了更好的作用。

知识介绍

第 16 技 "精雕细琢"

解释："精雕细琢"就是追求极致的精准，是设计和工艺上的无微不至和追求完美，其相关的语义还包含**精确、准确、细微**等。

释义1：使对象的精度、准确性提高。
案例：激光近视手术

激光近视手术是一种治疗近视的新兴技术，在操作中需要利用激光对角膜进行切割。这是一项对精度要求非常高的技术，也正是依赖高精度，才能保证手术过程的顺利进行。而该技巧更为常见的表现形式是手表、时钟或是体重仪等产品。该技巧并非只强调技术上的突破，也强调我们在设计制作产品时尽可能去追求完美，追求工匠精神。

激光近视手术

细分市场

释义2：通过精准、细化的方式来满足某种功效。
案例：细分市场

广义的"精准"强调我们要去发掘不同类型的用户，并为特定用户去设计产品。如购物软件会将商品按品牌、价位、种类区分开。市场细分可以帮助我们找到属于自己的用户，避免与其他品牌正面竞争。如拼多多在刚刚创立时，便将市场定位在了三四线城市，以低价来吸引消费者，从而积累了庞大的用户基础。

知识介绍

3.2 佩特创新 36 技

第 17 技 「伸缩自如」

解释:"伸缩自如"是指通过**扩大与缩小、延展与压缩、展开与折叠**等方式实现革新的方法。

释义 1:使对象体积变化。

案例:手环救生圈

手环救生圈是一款由华南农业大学艺术学院设计的概念产品。这款产品便是用到了"伸缩自如"的技巧。在用户遇到紧急情况时,紧急拉动手环,手环便会迅速膨胀,变成救生圈,帮助求生者脱离险境。如同汽车的安全气囊,平时保持压缩的状态,紧急时刻开启并保护使用者的安全。该技巧的优势在于平衡了一些产品在不同使用情境下的矛盾,提供了多形态的解决方案。

手环救生圈

压缩软件

释义 2:使数据大小改变。

案例:压缩软件

随着信息时代的发展,不同文件的数据量也在逐步上升,如现在的主机游戏动辄几十几百 G 的大小;人们对记录生活的渴望又让照片与视频塞满了手机相册。这种数据量逐步上升的趋势除了用提高数据传输速度的方式解决外,对文件进行压缩处理也是一种不错的解决方案。如今更多的传输方式依赖压缩文件,而遇到一些不方便进行压缩操作的情况时,如在微信中传输图片时,软件则会提供给用户较低数据量的缩略图,再由用户有选择地去调用高数据量的高清图片,从而平衡了手机内存与处理数据量之间的矛盾。

第 3 章 创新地解决问题——提升逻辑思考力

85

第 16 技 "留有余地"

解释："留有余地"是指在设计与革新时考虑**容错、给出冗余量、留出冗余方案**，避免因为主系统崩溃而造成的更大损害。

释义1：为避免可能发生的有害作用，做出预先防范的设计。

案例：切菜护手器

有些时候，一些行为或设计不可避免地会带来一定的风险。如游泳可能溺水，森林可能着火，切菜可能切到手。对付这一类风险，便需要预先防范的设计。如对于一些经常做菜的人来说，切菜可能会切到手，于是有人便设计了一款防切手神器，来防范切到手的风险。此类创新需要着眼于生活中可能的风险，如为了应对撞车风险，便有了安全气囊；应对溺水风险，便有了救生圈；应对火灾风险，便有了消防通道等。

切菜护手器

强冷弱冷设计

释义2：利用冗余设计来增加系统的兼容度。

案例：强冷弱冷设计

冗余设计强调我们要去思考产品对用户的兼容度，主张"以人为本"的设计。因为不同的用户受限于个体的差异性，可能无法完全地去使用一些产品。我们在设计时，不仅要照顾到大多数人，也要照顾那一小部分人。例如，对于一些体质较弱的人来说，在一冷一热的刺激下，容易感冒。于是深圳地铁推出了强冷弱冷设计，最大兼容度地去接受不同的用户。另一个案例便是苹果手机的盲人模式，该模式对普通用户完全没用，但是对于一些需要使用手机的盲人来说，苹果公司的设计给足了温暖与尊重。

知识介绍

第 19 技 「须弥芥子」

解释:"须弥芥子"是通过**"维变"**来进行革新的方法。

释义 1:改变对象的维度。

案例:空中的士

"维变"不仅是一种物理层面上的变化,也是一种概念上的维度变化。如亿航公司提出的"空中的士"概念。把城市的道路理解为平面的、二维的;立交桥、地下隧道理解为半立体的,那么,可以在空中穿梭而过的载人机器,那将是真正的立体交通。不同于传统的直升机与飞机,"空中的士"概念是把这种交通方式带给所有人。也许我们在科幻电影中看到的在空中穿梭的汽车,会在不远的未来成为现实。

空中的士

VR 技术

释义 2:使人感知维度变化。

案例:VR 技术

VR(虚拟现实)是一种通过特殊处理,使图像展现出三维形式的技术,配合运动传感器,可以让体验者有身临其境的感觉。该技术目前正在逐渐扩展至不同领域。这项技术使得我们在家便能通过 VR 技术飞越到世界各地,或是穿越到异世界打怪升级。感知维度变化是一种突破距离与环境界限的技巧,适用于一些受距离与环境限制的场景。

第 20 技 「偷梁换柱」

解释："偷梁换柱"这一技巧就是通过**材料、原料变化**来实现功能变化、功效变化的革新方法。

释义1： 改变对象的原料或部分材料来实现更好的功能。
案例： 吸管材料

热爱奶茶的人可能已经发现，吸管正在进行一场材料的革命。过去我们常用的塑料吸管由于污染环境问题正在逐渐被替代成体验不佳的纸吸管，体验不佳的纸吸管又逐渐被可降解的 PLA 吸管取代。吸管正是在体验与环保的不断平衡中得以发展。

材料的变化很大程度影响了产品的体验与功效。该技巧的核心在于不断去发现现有产品中体验与功效受限的原因——受技术限制还是材料限制。进而将新型材料应用于产品，实现产品的创新。

吸管材料

轮胎

释义2： 利用复合材料代替。
案例： 轮胎

轮胎的材质也在不断变化，从最早期的木制轮胎，到强度更高的铁质轮胎，而现在，单一材质的轮胎已经被淘汰，基本上都是使用复合材料的轮胎。复合材料中包含了橡胶、炭黑、尼龙带束、钢丝等材质，保证轮胎的强度同时又降低了重量。利用复合材料来替代单一的原材料是一种有效提升产品性能的方法。复合材料的优势在于有着更好的性能，往往能将多种材料的特性集中发挥出来，从而实现产品在性能上的提升，如更好的耐久度、更轻的重量和更高的强度。

知识介绍

第21技 「上下左右」

解释： "上下左右"是指通过**位置变化、方向变化、角度变化**而进行革新的方法。

释义1：使对象整体或部分可位移。

案例：可调节桌椅

在《乔布斯传》中有个有趣的故事，当苹果公司的一名员工对乔布斯无休止的更改要求感到不耐烦时，他设计了一款软件，让乔布斯可以自己动手操作。于是，乔布斯就在这款软件上完成了苹果公司产品里经典的圆角设计。如果一款产品无法完全地适合每一个用户，那么让用户自己来调节是最好不过的做法。以可调节桌椅为例，过去我们上课时座位排序的方式无非是按照身高或近视程度来进行排序，却忽略了同样的椅子在不同身高的学生用来，有着截然不同的体验。而可调节的设计则很好地照顾了每一个学生的体验。

可调节桌椅

游戏太空舱

释义2：使对象的方向、角度可改变。

案例：游戏太空舱

对于一些需要长时间办公的人或游戏爱好者来说，长时间一个角度盯着电脑屏幕必然是不好的体验。于是有人设计了可以调节角度、高度的电脑屏幕与人体工程学椅。将两者结合便得到了游戏太空舱，一款专门为游戏爱好者设计的一体化桌椅，可以自由调节倾斜角度与高度，满足了游戏爱好者对于游戏环境的需求。调节方向与角度可以应用在各个领域的产品上，主要是提高了产品的自由度与用户对方向与角度的个性化需求。

知识介绍

第22技 "五光十色"

解释:"五光十色"是指通过**改变产品的颜色**的方式进行革新的方法。

释义1:利用不同色彩的含义、特性,来改变对象的颜色。

案例1:手机电量的颜色

颜色作为视觉元素中最直观的一种信息,可以作为一种信息可视化的技巧来用。在一些非专业的场景,利用颜色表达不同的信息可以使信息更为直观。比如体温枪会将信息分为三种颜色,手机电量显示也会以颜色来区分电量剩余情况……

手机电量的颜色

案例2:红绿灯

不同的颜色会给人不同的直观感受,如红色、黄色更多地用于警戒与提醒,而绿色则是允许、良好的代表色。红绿灯则是巧妙地利用了不同颜色给人的不同感受,让驾驶者能直观地判断道路的通行情况。

红绿灯

变色眼镜

释义2:使对象的颜色可改变。

案例:变色眼镜

在一些需要面对强光的场景,我们常通过戴墨镜去削弱强光。但是,对于一些骑行爱好者来说,太阳光的强度是会变化的,佩戴固定颜色的墨镜会让骑行者在一些时候无法很好地判断路面信息。变色眼镜很好地解决了该痛点,利用变色玻璃的特性来适应不同强度的亮光,让骑行者不需要频繁更换眼镜,扩展了眼镜的适用场景。

知识介绍

第 23 技 「千形万态」

解释："千形万态"是指通过**改变产品的形态、形状以及样式**进行革新的方法。

释义1：改变对象的形状以获得不同的特性或功能。

案例：Eatwell 餐具

Eatwell 餐具是一款专门为患有失智症老人设计的餐具。这款餐具表面看上去平平无奇，但是内有玄机。Eatwell 创始人观察到失智症老人总是吃得不多是因为他们无法很好地将食物聚拢在一起。于是 Eatwell 公司设计了一款倾斜的餐盘，可以让食物自己聚拢到老人面前，从而增加了老人的进食量。形状改变并不是简单地换了个样式，而是发掘到用户背后深层次的需求。

Eatwell 餐具

释义2：利用物质形变的特性。

案例：黏土

黏土

如果说改变形状依赖于设计师对用户的了解，那么让产品可以被用户改变形状，则是让用户了解自己。黏土便是这样的一种案例。这其中用到的便是物质形变的特性，由于黏土本身具有易塑、轻便的特性，这种五颜六色、软软黏黏的物质深受儿童的喜爱，各种DIY工坊把这种物质作为启蒙儿童创造力的工具，引导儿童一步步发掘自己的创造力。这种技巧的核心是发掘用户潜在的创造欲，将设计的职责从设计师转到用户身上。

知识介绍

第24技 "接连不断"

解释："接连不断"是一类通过**连接、连通、对接**来实现革新的方法。

释义1：使多个对象连接在一起。

案例：火车挂钩设计

连接，既包含实体意义上的连接，也包含信息意义上的连接。实体意义上的如胶水、绳子、螺丝钉或火车挂钩，是将不同的对象固定或连接在一起；而信息意义上的则是通过建立连接，使数据、语音、情感得以传递。连接技巧提醒我们去发现那些难以连接或没有连接起来的痛点，如一款将床单与床垫固定住的夹具，或是让儿女与在故乡的父母得以互动的软件。

火车挂钩设计

隔空充电

释义2：使对象方便连接与解开。

案例：隔空充电

近些年来，手机厂家一直在发掘更加方便的充电技术，手机的充电方式也从更换电池到插上充电线再到现在流行的无线充电。可是将手机与电源连接的过程仍然不够方便，于是，隔空充电的技术得以现身。只要走进充电区域，手机便会充上电，无须过多的连接操作，让整个体验得到质的飞跃。发掘连接技巧也是一种创新的手段。过去，我们只能通过一些群体认识到不同的人，现在，我们通过网络便能认识到世界各地的人。这也是一种连接的创新。

盾牌灭火器

产品介绍

一款可以更安全灭火的产品,在灭火器前端增加了盾牌,让用户在靠近火源时更加安全。

产品特点

防火防爆:在面对一些小型火灾时,这款灭火器可以帮助你更快、更安全地接近火源,并且不用担心火源发生爆炸或是接近火焰的危险。

一体化:一体化的设计使得灭火更加方便,既保护了自己,又能够快速地扑灭火焰。

三段握持设计:灭火器的把手分为上中下三段,可以适应用户不同的握持方式,以适应不同场景。

运用方法

留有余地、海纳百川、千形万态。

灵感来自妈妈炒菜时举起锅盖阻挡溅出的油。

——小白

应用练习

学习如何利用多维变换原则下的 12 种创新方法，创造一款产品。如千形万态、伸缩自如、层出不穷。

针对痛点

（×××人群在×××场景下存在×××痛点无法解决……）

_____

_____

_____

_____

_____

产品名称

_____

产品介绍

功能：

特点：

产品原型图

所用方法

3.2.3 借势应变原则下的 12 种创新方法

第 25 技「周而复始」

解释:"周而复始"是指应用**循环**、**复古**、**再现**、**重现**等手段进行革新的方法。

释义 1:对历史创造物的借鉴。

案例:直角边框设计

在人类历史上,总是会有一些经典的产品设计经久不衰。而人们对设计的审美总是进入一个时尚转为复古的循环当中。这种借鉴虽是设计理念的循环应用,却不是单纯的模仿,而是一种变化的再现和螺旋式上升。在苹果手机的外观设计中,直角边框的设计再一次在 iPhone 12 中出现。这一经典设计的重现,不仅证实了经典是经久不衰的,且也让苹果手机拥有了更强的辨识度。该技巧需要注重观察历史中那些经典的设计,让经典重现——相同,又大有不同。

直角边框设计

释义 2:将对象产出的废物进行循环利用。

案例:桑基鱼塘

桑基鱼塘

桑基鱼塘是一种将种桑养蚕和池塘养鱼相结合的生产经营模式。在池埂上或池塘附近种植桑树,以桑叶养蚕,以蚕沙、蚕蛹等作鱼的饵料,以塘泥作为桑树肥料,形成池埂种桑,桑叶养蚕,蚕蛹喂鱼,塘泥肥桑的生产格局,实现了各个环节废料的高效利用,是一种自循环系统。这是一种将系统中各个环节产生的废料循环利用以实现整体产出提升的方法。垃圾、废旧电池、旧衣物等废料的回收都是这一技巧的具体应用。该技巧提醒我们去利用一些系统中可能被浪费的资源,来让整体形成一个高效的自循环系统。

知识介绍

第26技 「草船借箭」

解释："草船借箭"是指通过**借能、借势、借力**的形式进行变革的方法。

释义1：利用大自然中存在的能源、力场。

案例：微软数据中心

自然中存在着许多巨大的能源供我们去开发与利用。借助风能，我们建造了风电站，借助水流，我们建造了水电站。而自然的能源远不止这些，如还未完全利用的海洋能源。目前已经有许多科学家正在尝试利用海洋能源，如法国借助海洋的潮汐能建造的潮汐发电站，每年可以产出5.44亿度电；而微软公司则更是"丧心病狂"地将自己的数据中心放到了海洋中，这是利用了海洋巨大的热容量来吸收数据中心产生的热量。

微软数据中心

船帆

释义2：借助自然中存在的力场与物质本身拥有的特性来进行革新。

案例：船帆

利用一些物质本身拥有的特性与自然中的力场形成互动，来铸造更强大的功能。如木头，用在家具上，便只是易塑的原料，而用在水上，则可以产生强大的浮力，从而成了一种交通工具。过去的人们用帆来控制船只的方向与提供动力也是这个原理。利用浮力与阻力只是其中一种，避雷针也是这种原理的一种应用，它应用的是电学的原理，利用避雷针的物质特性，使其与带电云层之间形成一个电容器，不断积累电荷，当电荷达到一定量时，避雷针与云层之间的空气就会被击穿，避雷针又将电荷导入大地，从而保证了高楼的安全。

第 27 技 "五味俱全"

解释："五味俱全"是指通过**味道、气味以及气体浓度的变化**进行革新的方法。

释义1：利用气味或味道的特性来实现某种功能。

案例：香薰

对于利用香味来实现功能的产品我们已经见怪不怪，但味道并非只有香臭之分，其中也包含着一些情绪色彩。例如，我们常常所说的家的味道，这其实并非是一种抽象通感的表达，而是家里的食物、家具、地板等物品结合在一起的特殊味道。这种味道比起香味更让人痴迷。比如对一些宠物来说，它们对主人的味道非常敏感，一旦这种气味消散，它们便会出现种种焦虑的症状。为了照顾这一类宠物，我们是否能设计一款带有"主人"味道的香薰，从而减少宠物的焦虑呢？

香薰

煤气

释义2：改变对象的气味或味道。

案例：煤气

很多人并不知道，煤气本身是没有味道的，但是为什么日常生活中我们却能闻到"煤气"的味道呢？原来，为了在煤气泄漏时能够被及时发现，人们在生产煤气时进行了加臭（乙硫醇）处理，就形成了我们闻到的"煤气"味。这便是该技巧的其中一种用法——无味变有味。除了加臭处理，生活中更为常见的是进行味道去除或者增香的处理，如除臭剂、香水等，通过改变味道来实现某种功能。

释义3：改变气体浓度。

案例：真空包装

利用改变气体浓度也能完成一些意想不到的创新。如生活中常见的真空包装，便是通过改变包装内的气体浓度，从而减少空气对食物的影响。诸如此类的还有利用纯氧消毒，使用富氧气瓶潜水等。

真空包装

知识介绍

第 28 技 "五音六律"

解释:"五音六律"是指通过**声音变化、音调变化**而进行革新的方法。

释义1:利用声音、声调的特性。

案例:小睡眠APP

在年轻人失眠人数日益增长的今天,助眠的创新产品如雨后春笋一般不断涌现。而其中,最为出色的当属一款名为小睡眠的软件,其产品理念是给你一个婴儿般的好睡眠。而这款软件助眠的方式,仅仅只是播放一种名为"白噪音"的声音,如雨声、风声、火车行驶声等。这种声音虽名为"噪音",却通过其单调、平和的特性,能够帮助失眠者调整睡眠状态,并屏蔽其他干扰噪音,从而达到助眠的目的。

小睡眠 APP

释义2:改变对象的声音、声调。

案例:盲人提示音

对于普通人来说,经过路口时会有红绿灯提示我们能否通过,但对于盲人呢?也许有人已经发现,经过一些路口时,会听到滴滴滴的紧促声音,其实这便是专门为盲人设计的路口提示音。在不同的通行状况下会发出不同音调的声音,盲人可以通过音调的变化来判断能否通行。该技巧的另一项创新应用便是变声处理,在一些特殊的访谈场景,这种技术可以很好地保护用户的隐私。而除了照顾一些特殊群体,这类技术也更广泛地应用于一些声乐的处理上,像吉他的变调夹等产品,方便了音乐人创作更好的音乐。

盲人提示音

知识介绍

第29技 「格物穷理」

解释:"格物穷理"是指通过**原理变化、机理变化、机制变化**等方式进行革新的方法。

释义:改变原有对象原理、机理、机制来实现其功能。

案例1:电灯

"格物穷理"的技巧强调我们要去发现事物的根源,发掘产品原理的局限性,从而实现突破。工业革命为我们带来了电力,这也是目前适用领域最为广泛的能源。以电灯为例,过去的发光方法主要是依靠火发光,利用蜡烛或是煤油来供能。如果不绕开利用火发光的原理,我们只能在能源上进行突破。而电灯采取的发光原理更为简单与环保,是利用电对灯丝加热到极高温来达到发光的目的。这种方式高效环保不说,也突破了过去蜡烛或煤油灯在亮度上的局限性。我们可以更好地控制灯光的颜色与亮度甚至其散发的热量,让灯获得了更多的用途。

新能源汽车

案例2:新能源汽车

为了环保,许多国家都制定了燃油车的禁售时间,来推动新能源汽车的发展。新能源汽车与燃油汽车的不同之处不仅是所用能源的不同。在驱动方面,燃油车通过汽油在内燃机中燃烧释放出能量来产生动力;而电动车则利用车载电源为动力,利用电机来驱动。尽管目前燃油车较电动车仍有优势,但这一类车型由于污染环境的缺点必然会在时代的洪流中被淘汰。这无法改变的缺点正是原理不同而导致的。

电灯

知识介绍

第 30 技 「一反常态」

解释："一反常态"是指通过**突破常规、逆向和反向思维**等方式进行革新的方法。

释义：运用逆向思维。

案例1：野生动物园

逆向思维是一种打破常规的创新方法，强调我们要发掘用户未曾想过的痛点，打破常规，制造需求。以野生动物园为例，过去的动物园是将动物关在笼子里，人在外面观看。而去过动物园的人会发现，这些在笼子中的动物毫无生机，与我们在《动物世界》里看到的大不相同。在发掘到用户对动物生命力表现的需求后，有人尝试了野生动物园的形式。这种形式与传统动物园截然不同，它将人关在"笼子"中，而动物则在笼子外。这种形式取得了巨大成功，各地动物园纷纷效仿。对于动物来说，它们获得了更为广阔的空间，而消费者也得以观赏到这些动物自然的模样。

潮汐车道

案例2：潮汐车道

令城市中的驾驶族最为头疼的问题便是堵车，而堵车又以"早高峰""晚高峰"最为严重。为什么会出现这种堵车现象呢？因为工作的地方往往在中心区，那里房价过高，所以很多人把居住的地方选在了郊区或者远离中心区的地方。于是便有了早上上班堵，晚上回家也堵的现象。针对该情况，在交通道路改造中采取可变车道的方式进行了交通组织，即早高峰进城车辆多时，增加进城方向车道数，减少出城方向车道数；晚高峰出城车辆多时，增加出城方向车道数，减少进城方向车道数。利用潮汐车道设计来应对这种早晚高峰的堵车现象，大大提高道路利用效率，缓解了堵车现象。

野生动物园

知识介绍

第 31 技 「跌宕起伏」

解释："跌宕起伏"是指通过**关注脉动、振动和脉冲方向**进行革新的方法。

释义1：利用脉动信号或发射脉动信号。
案例：心电图

过去的医生通过把脉来判断患者的病情，现在则直接通过心电图来显示患者的脉动。而这种技巧更广为人知的案例则是信号与雷达，利用发射脉冲来实现传输与探测环境的目的。

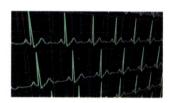

心电图

超声波洗牙

释义2：使对象振动或更改其振动频率。
案例：超声波洗牙

振动是一种物理学现象，不同物质都会出现大大小小振动，而利用不同频率的振动对物质的影响，便可以使这种现象转变为可利用的技术。例如，在过去，还没有超声波洗牙时，清理牙结石是需要利用洁牙仪器一点一点刮除的。而超声波洗牙则是利用超声波的震动来去除牙结石，极大提高了效率。

释义3：运用共振原理。
案例：微波炉

微波炉的加热原理是制造与水分子本征频率相同的微波电场，来加速水分子的振荡，从而让水分子不断获得能量，最终达到加热食物的目的。这种现象广泛应用于声学和电学中，甚至可以利用这种原理来进行定点爆破建筑。

微波炉

知识介绍

第32技 「否极泰来」

解释："否极泰来"是指运用**逆补、逆反、逆袭、变废为宝、变害为利、互补、正反转换**等手段进行革新的方法。

释义1：使无用的、有害的对象发挥作用。

案例：酒糟

这种技巧提醒我们去关注那些被认为无用或有害物品的价值。变废为宝是一种提高资源利用率的技巧。如酒糟，作为酿酒产出的废料，已被发挥出多种用处，利用酒糟制成食品，或是将之转变为饲料，或是作为培育菌类的原料……但仍然没有发挥这种废料的全部价值。于是，南昌大学的一个学生团队提出了将酒糟转变为燃气和碳的想法，取名"气碳创循"。利用特殊的处理方式，真正实现了将废料转变为能源，大大提高了酒糟的资源利用率。

酒糟

净水器

释义2：根据对象恶化而产生的需求进行创新。

案例：净水器

随着近些年环保主义的推行，大多数人也得以停下脚步去观察那些已经被我们破坏得伤痕累累的自然环境。为了遏制自然环境的恶化，我们创造了很多基于环保的创新，如核电站、新能源汽车等。而这只是针对一种恶化的创新，发掘身边因为恶化而产生的需求，我们很快就能找到大量的创新案例。如针对身体恶化，我们发明了人造器官；针对水质恶化，我们发明了净水器……

知识介绍

第33技 「含沙射影」

解释:"含沙射影"是指利用**反弹、投影、投射、折射、反冲**等原理进行革新的方法。

释义1: 运用光的反射与折射。
案例1: 反光漆

从爱迪生利用镜子与蜡烛来制造手术环境的故事中我们了解到,光资源的利用率也是一种创新的方法。在过去,为了让夜间行驶的司机能够看到警示信息,我们更多的是利用灯光来提示,尽管有太阳能技术,但过高的成本与较低的铺设效率成了阻碍。直到反光材料的应用,将车辆的灯光变成路牌的光,极大地减少了铺设警示信息的成本。

反光漆

案例2: 显微镜

如果说反光材料是更好地利用了光,那么显微镜则是将光真正控制在手中。无论是显微镜这种精密的仪器,还是眼镜或是近视手术,都离不开人们对于光折射与成像原理的应用。这些原理使得我们既能观测到星辰大海,也能精准地观察到微生物的运动。可以说,正是利用光的折射原理,我们才能观测到如此广阔的世界。

显微镜

释义2: 利用反弹、反冲、反射的力量。
案例: 水上飞行器

利用反冲、反弹的力量是让我们去发现力的不同形式。起初,飞机是利用螺旋桨来实现驱动的,但现在已经被喷气式飞机取代,而这正是利用了气流的反冲原理。现在一些海边的游乐场所会把搭载水上飞行器作为娱乐设施,利用脚下喷水装置产生的反冲动力,便可以让使用者腾空而起。

水上飞行器

知识介绍

第34技 「前车之鉴」

解释："前车之鉴"是指通过**借鉴前人的经验、做法，或其开发的产品、设计及功能**进行革新的方法。

释义1：借鉴其他产品的原理及设计，将其应用到不同领域。

案例：滑雪板

当我们在城市里看到那些滑板爱好者炫酷地表演着特技时，可能很难想象到这种产品最原始的模样是生活在雪山中的人们的一种代步工具，后来甚至延伸到海里，成了冲浪板。应用创新也是创新的一种，如微波炉的原理就是在天文台中发现的。一项技术或原理的创新必然会引发出不同的应用创新。冰箱的创造也带来了空调，原子弹的原理还能用于发电。我们需要做的是去看到产品原理背后无穷的应用场景。

滑雪板

释义2：借鉴自然现象或生物的原理。

案例：鸡头稳定原理

自然界中有许多动物或自然现象的原理非常有趣，人们在岁月长河中已经借鉴并制作了无数产品。而其中最为有趣的一个案例便是鸡头稳定原理的发现。有人发现鸡头很稳，于是将摄像机绑在鸡头上，做成"摄像鸡"，进行了一次防抖试验。试验结果令人惊讶，"摄像鸡"惊人地稳定。根据这一发现，后来的科学家研究出了基于视觉系统防抖原理的平衡仪，让摄影师得以拍出更好的影片。该技巧强调我们要去观察自然中那些有趣的现象，比如有人发现蝙蝠没有眼睛却不会撞墙，于是发明了雷达；有人发现海豚闭着眼睛也能找到目标，于是发明了声呐。

鸡头稳定原理

知识介绍

第 35 技 「势不可挡」

解释："势不可挡"是指通过**造势、顺势，利用某种"场势"能量**进行革新的方法。

释义1：利用自然中存在的"场势"，来实现某种功能。

案例：指南针

自然中存在着许多可以为我们所用的场势，如利用水位的高低差带来的水的流动，我们创造了水车与水电站；利用冷热空气的密度差，我们创造了热气球；利用太阳的辐射，我们创造了太阳能发电板；利用地球磁场，我们创造了指南针。观察与学习这些自然界中存在的场势，可以让我们更好地创造一些独特的产品。这些场势中不仅蕴含着巨大的能量，还是最好的环保能源。

指南针

释义2：制造某种"场势"，来实现某种的功能。

案例：风洞实验

飞机在设计时需要考虑气流对飞机的影响，而风洞实验便是根据这项需求，基于流动相似性原理设计而成。这使得即使在室内，科学家也能准确地测试出飞机设计的可靠性并做出修改。这是对自然场势的一种模拟，既可以作为精密的实验场地，也可以作为一种娱乐设施，让用户可以体验到跳伞时的失重感。制造场势可以方便我们模拟或者突破自然场势的局限性。如磁悬浮列车便是通过制造相斥的磁场，来让列车和轨道分离，实现了速度的突破。

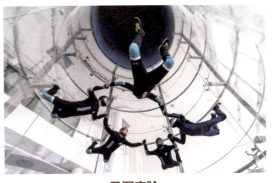

风洞实验

知识介绍

第36技 「相互依存」

解释："相互依存"是指通过**寄生、附着、伴生、共生、互补**等方式进行革新的方法。

释义1：解决对象功能缺失的伴生产品。
案例：手机壳与充电宝

在外面手机没电了怎么办？买个充电宝；手机怕摔怎么办？装个手机壳。充电宝和手机壳便是伴生产品。产品本身不具备的功能，可以利用伴生产品来实现。发现产品的不足，并非一定要做一个新的产品，如果利用简单廉价的伴生产品也能解决问题的话，有时会是更好的方法。伴生产品往往依赖中心产品的巨大市场与无法解决的痛点。它的核心是去发掘现有产品的不足，并试图给出一个简单的解决方案。

手机壳　　　　充电宝

迪士尼乐园

释义2：根据对象的文化设计周边产品。
案例：迪士尼乐园

对于一个品牌来说，用产品来增加用户黏性是远远不够的，如今更为流行的方式是利用文化输出来吸引用户，并用周边文创的形式来增强用户与品牌的互动。我们开始发现，购买周边文创已经逐渐成为用户去支持品牌与表达喜好的一种方式。而在所有品牌中，最为著名的周边文创莫过于迪士尼乐园。迪士尼乐园是基于迪士尼动画中的人物形象特地为儿童设计的。这种利用周边文创来增加用户与品牌互动的方式取得了巨大的成功。而迪士尼的周边文创远不止乐园那么简单，它几乎囊括了所有可以作为周边文创的种类，包括玩具、服饰、食品等。

3.2 佩特创新36技

小白的创意工坊

家用厨余垃圾处理器

产品介绍

一款适合家用的厨余垃圾处理器，可以把厨余垃圾转化成肥料，为家里的花草施肥。

产品特点

变废为宝：将无用的垃圾变成有益的化肥，提高了垃圾的利用率，也不必为丢厨余垃圾而烦恼了。

便携：小体积的化肥箱，可以轻松放在花园、菜园的每个角落。放下的时候是化肥箱，拿起来的时候又成了转移化肥的容器。

无异味：嵌套的设计将臭味隔绝，不必担心化肥箱让家里变得臭气熏天。

运用方法

否极泰来、大道至简、层出不穷。

"厨房的垃圾不翼而飞，阳台的花草长势汹涌，是人为还是魔法……更多精彩，请看续集。"

——《走近创新之小白版》

第 3 章 创新地解决问题——提升逻辑思考力

应用练习

学习如何利用借势应变原则下的 12 种创新方法，创造一款产品，如势不可挡、含沙射影、五味俱全。

针对痛点

（×××人群在×××场景下存在×××痛点无法解决……）

_____

_____

_____

_____

_____

产品名称

_____

产品介绍

功能：

特点：

所用方法

产品原型图

小白的世界

3.2.4 佩特创新36技实操测试

针对"书本太重"的痛点，你还能想到哪些解决方案？

书本太重了，怎么办？

针对"书本太重"痛点的解决方案

使用方法	解决方案
偷梁换柱	更换书本的材料，改为更轻的材质
格物穷理	改变显示原理，人手一个电子阅读器
否极泰来	把书做成健身器材的形式，没事可以锻炼身体
含沙射影	配备拥有投影仪功能的手表，使用时将手表放置于桌面上即可投射出书本内容
一反常态	在家上网课
天罗地网	把课本内容都存储到网络上，回家打开电脑便能继续学习
重峦叠嶂	改变书包的结构，增加轮子，变成可拖动（类似行李箱）的结构
化整为零	把书本变成可拆卸的，每次放学只拿需要学习的部分就可以
势不可挡	设计一种磁悬浮书包，减少书包晃动的惯性，来达到减少承重的目的
五音六律	让书包可以播放舒缓的音乐，减缓背书包时的疲劳
……	……

3.2 佩特创新36技

第3章 创新地解决问题——提升逻辑思考力

应用练习

3.2 佩特创新 36 技

针对某一痛点,应用学到的方法,你能写出多少解决方案?

痛　点	使用方法	解决方案

第 4 章 我的创新有价值吗——提升分析能力

4.1 为谁创造价值

4.2 如何检视创新价值

4.3 如何提升顾客感知价值

中学生发明神器，解决口罩消毒难题

2020年，新冠肺炎的来袭，让口罩从原本预防流感、隔离传染病的小众用品，变为日常生活中必备的防疫工具。随着越来越多的人戴上口罩，口罩污染、口罩浪费等问题也逐渐凸显。因为一次性口罩的产能无法跟上市场需求，供不应求的市场马上出现了买口罩难、天价口罩等问题；而一下子全部戴上口罩的群众，显然也没有相关的安全意识，口罩的二次污染等问题也随即变得严重起来。面对诸多痛点，口罩难题亟待解决。

深圳市第三高级中学TUP科技创新社团的学生很快发现了这个问题。热爱创新的他们没有放过这个机会，他们开展社会调研，在调研过程中发现，由于普通群众缺乏口罩的消毒知识，且目前市面上没有能够很好地解决口罩消毒问题的产品，才会出现蒸汽消毒、微波炉消毒、酒精消毒等错误的消毒方法。在观察同类的消毒产品后发现，目前的消毒设备仍然存在诸多缺点尚未解决，如消毒不全面、无法存放口罩、携带不便等。为了解决这些问题，团队决定开发一款既能为口罩消毒，又能存放口罩，同时体积小、便携的多功能口罩消毒机，一次性解决口罩的存放困难、资源浪费、二次污染、环境污染四大痛点。

尽管有着一定的产品开发经验，但还是学生的他们，在面对开发一款从未接触过的产品时，团队不可避免地陷入了困境。开发经验不足，知识储备不够，尽管在这样的情况下，团队也没有选择放弃。越是艰苦，越是要努力奋斗。在疫情的背景之下，他们不甘心成为那个仅仅被保护的人群，每个人都想要通过自己的努力，为国家和人民做出贡献，而关键，就在这款产品上。抱着这股决心，团队在一次次讨论中，确定了分工，确定了研究方向。

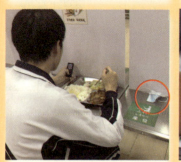 

口罩的诸多痛点

在开发过程中，为了能够让产品对口罩进行全面消毒，团队对市面上所有的消毒产品进行了研究，不断调整解决方案，最终确定了利用270nm深紫外波段进行深度辐射消毒，独立设计机械结构，来实现对口罩的全方位消毒的功能。同时，为了满足无接触存取的需求，团队一次次请教专家，不断学习研究机械传导等方面的知识。结构设计，编程开发……靠着一股劲，终于设计出了第一款样机。

但团队没有着急，因为他们清楚，要做出一款符合市场需求的产品，就必须为用户带来不一样的价值，打造自己的特色，才能让更多的用户使用这款产品。只有更多的用户使用这款产品，才能解决口罩的污染和浪费问题。他们先是对样机进行了多次测试。在确定样机的消毒功能与存放功能能够实现后，用样机进行用户测试，了解用户的更多需求。在收集了100多份测试结果后，他们对用户有了更多的了解。如果仅仅有口罩消毒跟存放功能，并不能很好地满足用户的需求。虽然满足了用户的需求，解决了他们的痛点，但产品应该兼具更多的功能，才能让用户时刻发现它的价值。于是，团队对产品的功能进行了重新规划，在原本的功能上又加入了红外测温、无线充电的功能。让体积小巧的消毒盒，摇身一变又能充当充电宝和测温器。

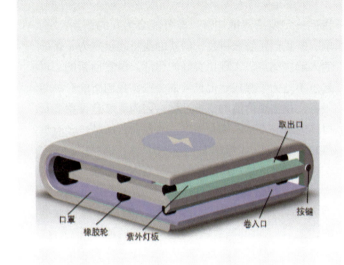

团队最后研制出的"口罩卫士——便携式智能口罩消毒盒"，集"三大功能""四大特点"于一身。该口罩消毒盒采用双面深紫外立体消毒装置，5分钟杀菌率99.9%；兼容多种型号口罩的存放和消毒，重量仅为300g；采用U型折叠设计，携带方便，随时消毒；同时实现了无接触式一键存取。它不仅解决了口罩的存放、消毒难题，还附带了体温测量和无线充电功能，同时，它兼具安全、轻巧、便捷、智能的特点。凭借这款产品，团队夺得了互联网+创新创业大赛萌芽赛道全国唯一奖项"最具人气奖"，同时，还作为"萌芽赛道"的两个重点项目之一，参加了"智创未来"创新创业成果展之实物展。

4.1 为谁创造价值

知识介绍

客户与用户

能满足所有人需求的产品与服务其实是不存在的，我们一定要清楚地知道：谁可能会为我的创新"买单"？我们在前面讲过，创新的逻辑起点是为了帮助他人解决痛点，实现更美好的生活。虽然创新的逻辑起点不是为了赚钱，但思考谁会购买我创新的产品与服务，是实现价值的交换过程，因为他愿意付费去获得你的解决方案以满足需求，对他而言这是一个有价值的交换。

做一个产品，期望能涵盖所有人，男人女人、老人小孩、专家小白……这样的产品通常会走向消亡，因为每一个产品都是为特定目标人群的标准而服务的，当目标人群的基数越大，这个标准就越低。换言之，如果这个产品是适合每一个人的，那么其实它是为最低的标准服务的，这样的产品要么毫无特色，要么过于简陋。成功的产品服务的目标人群通常都非常清晰、特征明显，体现在产品上就是专注、极致。比如豆瓣，专注文艺事业十多年，只为文艺青年服务，用户黏性非常高，文艺青年在这里能找到知音，找到归宿。所以，给特定群体提供专注的服务，远比给广泛人群提供低标准的服务更接近成功。

4.1 为谁创造价值

举例来说,家里用电,缴费的可能是父亲或者母亲,父母是供电局的客户,因为父母为"电"这个产品付费了,同时也是用户,因为父母是电的使用者。那孩子呢?虽然孩子没交电费,但孩子当然也是用户。简单点理解,**用户就是使用你产品的人**,**客户就是购买你产品的人**,有的时候客户和用户就是同一个人,但是在不同的产品与服务中,这两个角色或者关系又是变化的。

第4章 我的创新有价值吗——提升分析能力

用户是指使用某个产品或服务的人,只要是正在使用或者用过的人都属于用户。但产品和服务不一定是自己花钱买的,有可能是免费的、赠送的、借的或者付费者另有他人。比如我们都会使用聊天软件QQ,所以都属于QQ的用户,但我们使用QQ的基本服务,如聊天、发文件等,并没有给腾讯交钱。

因此,用户与付费者可能是同一人,也可能是不同的人(比如亲戚朋友),更有可能互相不认识,只是处于不同相关利益方的位置。

用户与付费者

关系	付费动机	举例
同一人	自己付费满足自我内心的需求,关注产品与服务给自己带来的价值	自己用存的零花钱买了一本心仪已久的书
亲戚朋友	现实生活中有亲情、友情等关系的人,一方为另一方付费购买产品或服务,付费者关注的是产品与服务给两人关系带来的价值	远在外地工作的子女,给老家的父母买了一台按摩椅
相关利益方	通过免费策略积累大量的用户基数,让想获得这些用户的其他相关利益方来买单	搜索引擎网站对用户免费,积累了大量用户,而商家需要大量在用户面前曝光的机会,愿意付费给搜索引擎进行推广

4.1 为谁创造价值

小白创新实操日记——认识"客户"与"用户"

客户——付费者　　用户——使用者/体验者

导师：" 假设这根冰淇淋是产品，那我就是客户，而你是用户。"

导师：" 对了，用户不一定是产品的买单者，用户关心的是使用价值。"

小白：" 我明白了，用户是产品的最终使用者，而客户却不一定是最终的使用者。"

第4章 我的创新有价值吗——提升分析能力

小白的世界

小白创新实操日记——学习"标签法"

4.1 为谁创造价值

"首先得找准用户，才能激发付费者的付费动机。"

"我明白了，付费者一定要有购买动机，既可能是为了满足自己的需求，也可能是为了满足亲朋好友的需求，还可能是为了满足企业的商业需求。"

"现在，我再传授你一个能帮你画出用户形象的方法：标签法。"

分析工具

用户画像：标签法

阿兰·库珀（Alan Cooper，交互设计之父）最早提出用户画像的概念：真实用户的虚拟代表，建立在一系列真实数据之上的目标用户模型。

简而言之就是勾画目标用户形象，用直观的方式，把原本抽象的用户形象变得立体、鲜活起来。它可以使产品的服务对象更加聚焦、更加专注，是把用户需求与产品提供的价值有效连接起来的工具。

用户画像的标签法是把用户信息标签化，通过搜集用户的社会属性、行为倾向、兴趣偏好等多个维度的数据，进而对用户特有的特征属性进行刻画，它是一种相关性很强的关键字，可以简洁地描述和分类人群，比如90后、二次元爱好者、乐高机器人发烧友……最终，我们似乎可以从这些标签中看到一个"真实"的角色站在我们面前，他有喜怒哀乐的情绪，有每天生活工作的场景，甚至有未来的人生目标。

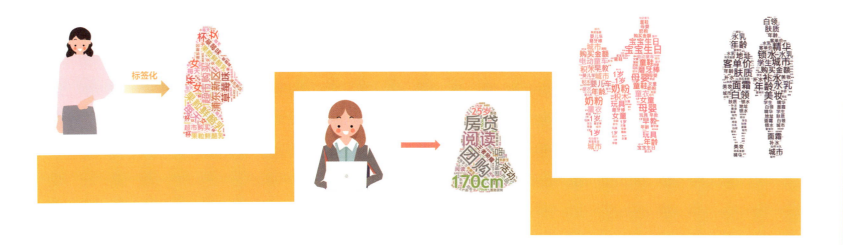

应用练习

试着给"Z世代"打上一些标签吧

"Z世代"即"Generation Z",1995—2009年出生的一代人,泛指"95后"及"00后",又称网络世代、互联网世代,Z世代是受互联网、即时通信、短信、MP3、智能手机和平板电脑等科技产物影响很大的一代人。同学们自己就是"Z世代",试着打上属于自己特色的标签吧。在以下空白框中进行补充。

- 较强的社会责任感
- 自驱力与使命感强烈
- 对兴趣圈子的归属感较强
- 希望与产品建立精神层面的连接
- 喜欢高颜值的产品
- 对传承传统文化秉持正向态度
- 对日常幸福感的即时渴望
- 喜爱新、奇、酷的事物
- 喜欢在社交媒体上分享体验心得
- 善于在互联网上输出自己的观点
- 重视创新与独特价值

4.1 为谁创造价值

形成了一个人物原型（personas）

根据用户的目标、行为和观点的差异，将他们区分为不同的类型，然后每种类型中抽取出典型特征，赋予名字、照片、一些人口统计学要素、使用及消费行为、观点及偏好等要素和场景等描述，形成了一个人物原型。从为所有人做产品变成为三四个人做产品，间接地降低复杂度。用户画像的本质是复盘用户需求，它是商业化的起点。

用户画像的步骤
①确定人物原型（真实的熟悉感）。
②选定用户场景（能够体验或观察）。
③画形象图，贴属性标签（8个以上）。
④给人物原型类别取名（形象直观）。

关于标签：不可能完全穷尽，也没有标准答案。我们举一些关于标签的例子：网购低脂的零食，喜欢在公司拆快递给同事"种草"，擅长折扣优惠的搜集与计算，买车最看重内饰，购买电器更相信身边朋友的推荐，中午午休前"刷"20分钟短视频，周末穿汉服逛街……

关于人物原型类别取名：尽量中性，不能使用带有明显贬义的词语。我们举一些关于人物原型类别取名的例子：小众音乐达人（音乐APP的用户）、文艺旅行者（民宿的用户）、单身活力新贵（汽车的用户）、可爱颜值"控"（潮玩盲盒的用户）……

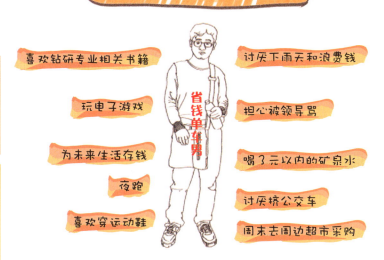

人物原型（共享单车用户）
黄××，男，26岁，工学学士，毕业2.5年，工作于一线城市
用户场景：上下班坐地铁

第4章 我的创新有价值吗——提升分析能力

121

应用练习

画出你的人物原型，写下他的故事

面临的问题

复盘第二章观察到的痛点：

人物原型：名字、性别、年龄、教育背景、工作年限、工作与生活环境

愿望

①他想要获得什么？想要变成什么更好的状态？
②这个愿望跟他身边的人有联系吗？

现有处理方式

①没有你的产品与服务时，用户是怎样处理问题的？
②用户使用其他类似产品吗？效果如何？

用户场景：使用产品的核心场景

付费者

①是他自己有动机付费吗？动机是什么？
②是其他人为他付费吗？动机是什么

场景中的情感

他处于面对痛点的场景中，有什么样的负面心理活动及情绪？

属性标签

属性标签

类别取名：

其他特点

也可以考虑一下用户与产品无关的个性喜好甚至怪癖，会让你的用户角色更加鲜明，甚至帮你找到更多的创新灵感。

分析工具

4.2 如何检视创新价值

价值创造检视图——避免"自嗨"陷阱

现在,我们已经能圈定产品与服务针对的特定人群,但我们还要保持必要的警醒,检视创造的价值是否真的是目标人群所需要的,切忌不能陷入盲目"自嗨"的陷阱里。

假设你做了一款会自动跳广场舞的婴儿车,可以自动避障,自动加速与减速,自动转圈,自动上下晃动,还能准确跟随音乐节拍。听起来是不是很炫酷,技术也挺高端。但宝宝和父母真的需要这款婴儿车吗?也许你还是坚持:这很新奇啊,很有意思啊。但现实是,你得真金白银地花费大量的研发资金,耗费很长时间才能研制出来,但未来面对的可能不是用户的欢呼喝彩,而是遭遇冷落乃至无人问津的重大打击。

因此如果我们在研发实践前就能检视价值创造是否为目标用户真正所需,才是科学的创新路径。我们一起来检视产品与目标用户的三大相关性。

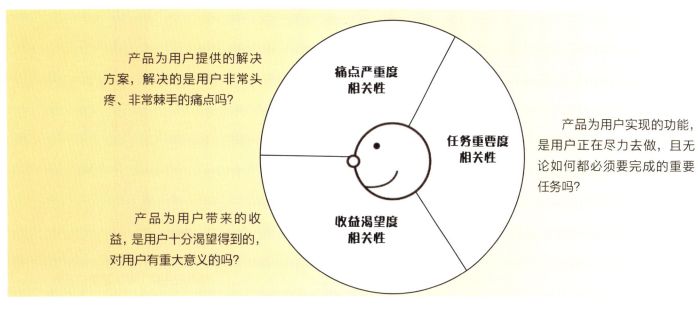

4.2 如何检视创新价值

要确定我们创造的价值是否是目标用户真正关注的焦点，从用户的观点出发，对痛点严重度相关性、收益渴望度相关性、任务重要度相关性进行评估是十分必要的。请在不同颜色的箭头上，为产品价值与用户需求的相关性给出分数。

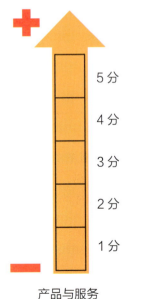

痛点严重度相关性

产品与服务
解决的是用户极其迫切的痛点

5分
4分
3分
2分
1分

产品与服务
解决的是用户不紧要的痛点

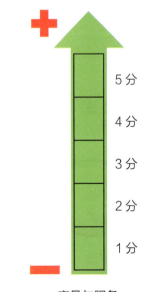

收益渴望度相关性

产品与服务
带来的是用户极度想要的收益

5分
4分
3分
2分
1分

产品与服务
带来的是对用户可有可无的收益

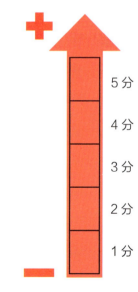

任务重要度相关性

产品与服务
帮用户完成了必要的、重要的任务

5分
4分
3分
2分
1分

产品与服务
帮用户完成了不太重要的任务

4.2 如何检视创新价值

三个维度的相关性评分，都要在 3 分以上，我们创造的价值才是特定用户群体真正需要的，否则就要回到起步阶段重新推演一次用户痛点。这个评估带来的结果也许会给我们泼一盆冷水，但换一个角度看，早点失败也是为了避免更大的损失，意味着未来能够早点开始成功。

现在试着给一款概念产品从三个维度进行评分吧。

这款 Smartbe Stroller 的最大优势就是能够自动跟着主人。模式一，"自我跑动模式"，当用户将智能手机与婴儿车相连接时，给出相应指令之后婴儿车会自动"跑"在前面。即便是需要走上坡路，婴儿车也会始终"跑"在前面。模式二，"协助跑动模式"，如果路面情况过于不理想，则可以选择该模式，婴儿车内置的传感器就会使得婴儿车和用户保持一定的距离。模式三，"普通手推车模式"，电池续航时间最长为 5 小时，完全没电后就会变得跟普通婴儿车没有区别。

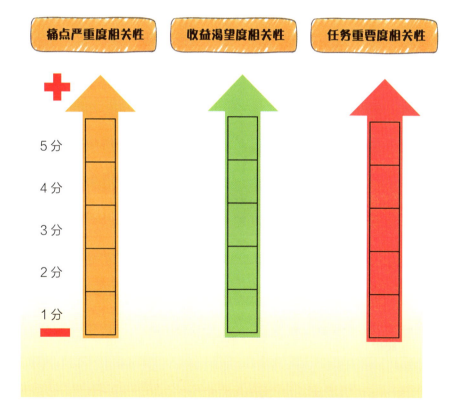

第 4 章 我的创新有价值吗——提升分析能力

4.2 如何检视创新价值

分析工具：什么是好的创新：3E 法

Empower

赋能

- 使用功能：好用、好操作，能解决用户现实的问题，这是最基本的设计目的。
- 社交功能：有话题分享性，能帮助用户增加谈资、表达想法、塑造形象等。

Emotion

情感

- 有趣：出乎意料地好看、好玩，有文化性、故事性，满足用户的好奇心。
- 有情：连接情感的渠道，引起用户有关爱情、友情、亲情等感动。

Ease

减负

- 消除疑虑：消除用户对功能达标、质量保障、安全隐患、副作用的疑虑。
- 减轻负担：不产生额外成本及烦恼，不需要搭配高成本的其他环节。

126

4.2 如何检视创新价值

什么是好的创新：3E 法

如果你要做一款AI视频换脸的手机娱乐软件	赋能 Empower	赋予使用功能	10 秒内一键换脸，快速将自己的脸换到影视视频中，得到一段新视频。
		赋予社交功能	与 QQ、微信好友合拍，熟人之间分享，激起传播欲望。
	情感 Emotion	附加有趣价值	视频换脸感，一张照片实现明星梦，演尽天下好戏，展示自我，借着电影妆发沉溺于自己的盛世美颜。
		附加有情价值	追星，与偶像同台飙戏，经典影视片段唤起美好记忆。
	减负 Ease	消除疑虑	要解决素颜不好看，P 图痕迹明显，显得很"假"、很"违和"等问题，要解决用户肖像权被盗用、隐私被侵犯、人脸识别信息泄露等风险。
		减轻负担	不需要搭配很昂贵的手机就可以使用。

赋予产品使用功能是基础；赋予社交功能可以增强用户黏性，促进传播；附加有趣、有情价值是突出差异化优势；消除疑虑才能让用户做出购买决策。

127

尴尬了——那些在商业价值上失败的产品

2003年,诺基亚为了跟任天堂争夺便携游戏机的市场,推出了这个能打电话、能玩游戏的游戏手柄手机。结果没几个好游戏可以玩,而且打电话时的画风简直"反人类"。于是,卖了一年就停产了,还遭到了用户的一片吐槽。

这是 2000 年发售的一款条形码扫描器。实际用起来,不光得连上 USB 线,还得装个专门的软件,而且有时候得扫描好多次才能跳出相关的网页。然而,就算跳转成功,大多数情况下显示的内容跟产品本身包装纸上的一模一样。

这款产品是一家电子界的弄潮儿(一个叫 Peek 的公司)在 2009 年推出的,叫 TwitterPeek,售价 200 美元。从名字就能看出来,它是用来发推特的,而且只能发推特……

尴尬了——那些在商业价值上失败的产品

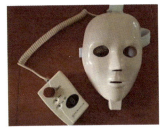 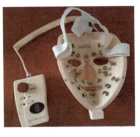 

这款瘦脸面罩是在1999年推出的,打出的口号是"轻轻松松变V脸"。这款产品唯一的用处就是用来吓人,甚至会吓到家里的猫猫狗狗……

瑞典为了解决环保问题,于1981年发明了这款塑料自行车。自行车以散装的形式运送到用户家,再由用户自己拼装。经常会出现缺少零件的状况,它又和普通自行车的零件不兼容。再加上塑料的材质,抗压性和耐用度都远不及金属,一骑就嘎嘣响。这个理想无比丰满的自行车,坚持了3年就破产了……

高露洁曾在1980年推出过一系列的速冻晚餐——牛肉烤宽面条,而且表示:"吃了我们家的速冻晚餐,要记得用我们家的牙膏刷牙哦。"速冻晚餐显然没怎么卖出去……

4.3 如何提升顾客感知价值

知识介绍

顾客感知价值

顾客感知价值是指，顾客对产品或服务交易过程和结果的主观认知，也就是说顾客购买的其实是他们自己的期望，顾客思考的是产品给自己带来的利益，还会思考购买这件产品自己所要付出的成本。

顾客购买获得的总体利益 − 顾客购买付出的总体成本 >0（考虑购买）

顾客购买获得的总体利益 − 顾客购买付出的总体成本 ≤0（不会购买）

4.3 如何提升顾客感知价值

随着知识经济时代的到来，各种知识、技术不断推陈出新，在很多情况下，单靠个人能力已经很难完全处理各种错综复杂的问题并采取切实高效的行动。

在进行创新时，必须组建团队，成员之间相互依赖、相互关联、共同合作，发挥团队的应变能力和持续创新能力，来解决错综复杂的问题，依靠团队合作的力量创造无限可能。

团队合作往往能激发不可思议的潜力，集体协作干出的成果往往能超过成员个人业绩的总和。"小溪只能泛起破碎的浪花，百川到海才能激发惊涛骇浪"，个人与团队的关系就如小溪与大海，每个人都要将自己融入团队，才能充分发挥个人的作用。

那就太好了，我们以后就是一个团队了。

你需要建立一个团队，每个人各有分工。来，认识一下你的新队员小青。

以后我来协助你，我主要负责钻研商业价值方面。我来解释一下老师刚才说的顾客感知价值。

第 4 章 我的创新有价值吗——提升分析能力

价值、利益和成本，都是指消费者可以感知到的，并不是卖家自己认为的。

举个简单的例子，有两家便利店，A店的一款面包卖8元，距离你家500米，B店的同款面包卖5元，距离你家1000米。你是去A店还是去B店买面包呢？其实，这并不仅仅由面包价格决定，你还会考虑距离问题等其他一些因素，最后决定去哪家店，取决去你对两家店的综合评价，从而选择让你感知价值更高的那家店。

商家自己的房租、水电、人工、原材料、机器工具成本，顾客不关心也不在乎。

另外，感知价值是因人而异的，是个性化的，你能感知到的价值，其他人不一定能感知，上面说的面包店，有人会去A店，也有人会去B店，有人喜欢网购，也有人喜欢去实体店。感知价值也是动态的，依赖情境的变化，并不是一成不变的，你今天去A店买面包，因为有点累不想走路，说不定你明天就想省下那3元，宁愿多走500米去B店。

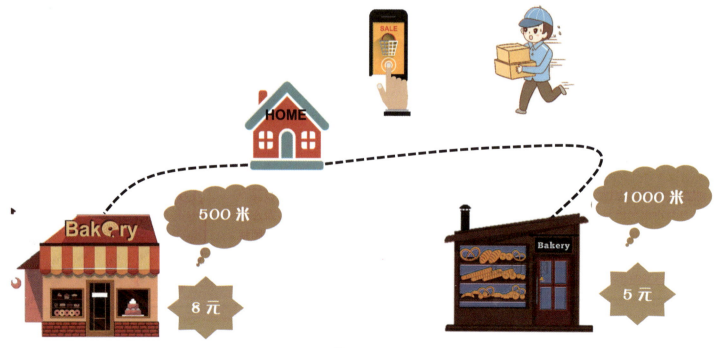

4.3 如何提升顾客感知价值

感知价值 ＝ 感知利益 ↑ － 感知成本 ↓

通过以上的公式，我们可以清楚看出，感知价值是对得到的产品或服务效用的综合评价，是顾客在感知利益与感知成本之间做出的权衡。

如何提升顾客的感知价值，以增加被消费者选择的机会，无外乎两种方式：提升感知利益、降低感知成本。

要提高顾客的感知价值，我们必须清楚地知道感知利益有哪些？感知成本有哪些？全方位地去进行分析，从而去提高顾客的感知价值。

很多人误以为顾客的感知利益只有产品利益，所以不断地在产品上投入研发成本，但是消费者不一定"买单"，归根结底还是因为消费者感知不到产品的价值，或者说所能感知到的成本大于能感知到的利益。小米是怎么做的呢？性能好不好，在发布会上跑分（对电脑或手机进行测试，评价其性能，跑分越高性能越好）就知道，抛出一组数据，顾客瞬间就能感知到利益了。也有很多人误以为顾客感知成本只有货币成本，所以不断地降价，即使的确已经让了很大一部分利了，可是，1000块钱的产品"打八折"和"直降200元"在优惠数额上虽然没有区别，但是人们就是觉得"直降200元"的优惠力度更大。

	购买前	购买中	购买后
感知利益	期待利益 对交易质量的期待 对消费利益的期待	交易利益 商店形象与氛围 服务人员素质 购买时的体验	消费利益 产品功能利益 心理获得感利益 社会关系的正面收获
感知成本	搜集成本 搜集信息的时间代价 搜集信息的心力代价	行动成本 购买要付出的金额 购买花费的时间 购买花费的精力	使用成本 学习操作的成本 保养与维修的成本 社会关系的负面代价

例如，一位逛家居生活店的顾客，让他产生购买的原因是当时所能感知到的价值——既要仔细打量包装，不忘看一下产地，咨询有没有售后服务，回想有没有看见过它的广告，喜欢产品代言人吗……又要考虑花多少钱，用起来复不复杂，身边的人怎么看待，搬回家麻烦不麻烦……然后，在心中一对比，如果感知利益大于感知成本，即感知价值为正就会掏出钱包，爽快地下单。

运用五感设计影响顾客对价值的感知

"五感"是指视觉、听觉、味觉、嗅觉、触觉，是人感知世界的普遍方式。在五感之中，人体感官感受的深刻程度依次是：视觉 (37%) > 嗅觉 (23%) > 听觉 (20%) > 味觉 (15%) > 触觉（5%），生活中以视觉为中心的感官体验设计已经用到极致。

随着人们体验方式与途径的拓展，当不同的感官被调动起来，或感官之间形成交织时，就能够使人们对同一件事物产生全新的感受。

视觉 37%

嗅觉 23%

听觉 20%

味觉 15%

触觉 5%

● 4.3 如何提升顾客感知价值

知识介绍

视觉　视觉感知作用于产品的标志色彩、外观、符号设计，这些都是顾客识别产品的第一要素。视觉的打造有四大要点：一是富有视觉冲击力；二是符合目标顾客的审美偏好；三是具有显著记忆点与差异性；四是整体联想要具备包容性及相对清晰的边界。

产品的视觉系统绝对不仅仅是好看、炫酷，而是要清晰地传递产品定位与业务目标。2019 年 6 月，美团将所有线上线下产品与服务进行视觉化的统一，不仅是美团 APP、美团微信小程序、官方微博的色系，还有充电宝、共享单车、打车、二维码牌、POS 机支付终端以及美团的一些周边产品等，都统一变成黄色。

美团的定位是生活服务平台，黄色让人有一种能量满满的感觉，更容易让人联想到五谷、面点、调味料等食物，识别度很高，更加大众化，美团的辨识度也增强了许多。

外卖业务是美团流量最大、认知最广的，大街上无处不在的穿着黄色衣服的外卖小哥，一眼瞥见就知道是美团外卖，这已经无形地扎根于用户的心智模式中。因此，全线产品与服务的色系改为黄色，这是最合适的，用户教育成本最低的选择。

第 4 章　我的创新有价值吗——提升分析能力

135

嗅觉

嗅觉给人留下的记忆是最长久的，气味的暗示会诱导人们唤起记忆中的感受和情绪。嗅觉的打造有四大要点：一是与产品形象建立联系；二是将气味标签通过适合的方式传递出去；三是对于首次体验气味的顾客，能够触发其愉悦情绪；四是与味觉、视觉有效匹配。

在购物网站上看销量第一的婴儿车的评论，会发现好几个都提到了打开时的气味，味道不好会给人传递一种不安全、不健康的感觉，尤其是母婴用品以及入口食用的产品。

产品包装长期密封，顾客买回去打开时都会闻到气味，如有明显的刺鼻气味，代表用了不环保的廉价胶水等，非常影响开箱体验及对产品质量的信任感。

在写字楼密集区域的咖啡店，经常都会看到排队买咖啡的人，为什么呢？

想象一下顾客在咖啡店里的感觉，优雅、舒适……其实，相当程度上，吸引顾客的是空气中的浓郁咖啡香，让进入咖啡店的人不由自主地点上一杯咖啡。美国摩内尔化学香气中心指出："消费者如果身处气味宜人的环境，像是充满了咖啡香或植物香气的空间，不但心情会变好，也可能让他们的行为举止更为迷人，甚至出现对其他人的友善表现。"

听觉

通过音乐、声音、语音等表达形式与受众产生共振与记忆连接,影响人的情绪和态度。听觉的打造有四大要点:一是要契合产品的形象;二是旋律简单,易于传唱或哼唱;三是注重与消费场景的结合;四是要根据周围环境选择差异化的元素。

假如有一款家用加湿器,晚上睡觉的时候用户本来想继续开着,但是夜晚加湿器工作的噪声很明显,非常影响睡眠,对于这种需要持续使用的产品,没有处理好噪声问题是产品的一大败笔。有些产品运转时的声音很杂乱,让人感觉似乎是产品内部出了什么问题,造成一种不安的感觉,比如吱吱响的风扇。产品内部是一个黑洞,普通用户无法鉴别,而这种从内部发出的声音,会是一个很重要的判断根据。

而一款超声波洗衣器是与上面相反的案例,工作时需要发出很有节奏感的"啾啾"声,这是对听觉的一个正面应用,这个声音让用户更真切地感受到,仿佛有一些能量波在不断地往外发射,机器正在全力清洁衣物。

味觉

味觉主要应用于食品领域,在其他产品上较少被重视。但如果能够巧妙地设计出独特的体验,也会带来有别于同类产品的新的感知价值。味觉常常与嗅觉相辅相成,配合在一起使用会产生更好的效果。

如果你在周末逛大型超市,肯定会留意到,那些卖水果、零食、牛奶、冰鲜食物的区域都设置了烹饪小展台,放出产品让你免费品尝,这就是味觉营销,目的就是将你的消费欲望前置,以达到其销售产品的目的。

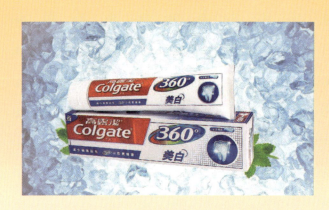

除了食品和饮料行业之外,运用味觉做宣传的产品较为少见。和其他众多的牙膏品牌不同,高露洁就把它独特的牙膏味注册了专利,这在行业中的确是个例外。

● 4.3 如何提升顾客感知价值

触觉

触觉主要指与用户身体尤其是肌肤接触时的感觉，是接触、滑动、压觉等机械刺激产生的感觉的总称。影响顾客触觉感受的因素主要包括材质、造型、表面处理工艺等几个方面，用户能感受温度、痛觉、粗糙、柔顺等多种感觉。

这是一款电动牙刷的开关按钮，按键处的缝隙明显不均匀、不整齐，按下去回弹的手感非常不好，经常卡住。这也代表了产品背后的制造水平不足。

想象一下，当你在游戏里挥剑在手，成功格挡敌人的攻击以后掌心里传来那种逼真的震感，是不是非常带劲？任天堂公司开发的HD震动"黑科技"，通过软件精准控制手柄里的线性马达，可以实现多种游戏场景的模拟。当游戏角色在树林中摆荡着树藤时，手柄会随着角色的位置变化传递移动的、变化的震动体验，玩家通过手柄能够感受到角色位置的变化。这种高精度的震动反馈可以模拟多种接近真实的游戏体验，无论是角色手中摇晃冰块还是珠子掉落在地上，这让游戏体验在触觉方面上升了一个维度。

4.3 如何提升顾客感知价值

五感设计的综合运用

日本设计师深泽直人的特别之处就是在于他非常关注细节，关注感情，他所设计的果汁包装的盒子外形就是水果的果皮，乍看上去像是一个新鲜的水果，极大地刺激了人的味觉；除了视觉上一目了然的包装以外，连质感也很像，外包装并非单单经由印刷制作，更是用了特殊材质制造出跟新鲜水果一般的触觉，每个人都会想去触碰，甚至有一种想扒开看看里面到底是果汁还是果肉的冲动。单是这个产品就能够让人经历五感——果汁的味道与香气、包装的视觉冲击与触摸的质感、饮用时所发出的声音……简单、直觉与五感的搭配，成就了引人瞩目的产品。

五感体验传递给顾客的价值，不需要极专业的知识，不需要复杂的模型，也不需要深度的市场分析，只需要我们细心地去发现就可以感受到。

我们并不是要把五感的每一个方面都做到极致，要根据具体产品的需要挖掘顾客知觉，洞察目标符合其身份标签的潜在心理需求，多触点地进行五感价值的传递。

应用练习

试着找出你为客户创造的独特价值

4.3 如何提升顾客感知价值

	购买前	购买中	购买后
增加感知利益	如何增加期待利益？	如何增加交易利益？	如何增加消费利益？
减少感知成本	如何减少搜集成本？	如何减少行动成本？	如何减少使用成本？

关于听觉传达顾客价值的设计：

关于嗅觉传达顾客价值的设计：

关于味觉传达顾客价值的设计：

关于视觉传达顾客价值的设计：

你的产品

关于触觉传达顾客价值的设计：

> 如果有一些五感设计实在写不出来，不要着急，这可能是受到了你的产品特性的局限。过一段时间有了灵感时再想一想，说不定就创造出独特的顾客感知价值。

第4章 我的创新有价值吗——提升分析能力

141

第 5 章 最简可行产品及用户测试
——提升鉴别能力

5.1 最简可行产品设计

5.2 小规模用户测试

中学生打造穿戴式设备，改善患者康复体验

"脑卒中"，又称"中风""脑血管意外"，是一种急性脑血管疾病。在我国，40岁及以上脑卒中患者人数达1318万。这样一种听上去跟中学生毫无关系的疾病，却成了卢铖创新的灵感。卢铖是一名来自广东实验中学的普通中学生。在班里担任学习委员的他，学习成绩一直不差，但他总想着为社会做出一点实质性的贡献。在一次与同学聊天的过程中，他偶然听到了"脑卒中"这个名词，并从同学的口中得知：脑卒中患者往往需要付出大量的时间与金钱成本才能康复。同学口中传达的是一种无奈与感慨，卢铖不仅共情到患者与家属的痛苦，而且看到了创新的机会。他回到家中，搜寻了大量的资料，对这种疾病与治疗方式有了大致的了解后，萌生了一个大胆的想法。

脑卒中患者的康复时间是非常长的，频繁往返医院不仅需要专人看护，时间与经济成本也相对更高。大多数患者都会选择居家康复，依赖一些家庭康复设备慢慢恢复。但目前的康复设备不是太单调无趣，就是成本高昂，没有很好的解决方案。卢铖看到那些康复设备，第一个想法是，为什么不能把康复设备做成游戏机的形式，让康复的过程也变得有趣起来呢？他把这个想法告诉了同学，但同学却觉得他异想天开。"这种事情肯定是让医生解决啦，我们都只是学生，凑什么热闹。"同学的一番打击没有让卢铖失去信心，他坚信自己的想法是可行的，只是还不够完善。他找到学校科技创新处的老师，把自己的想法告诉了他们。卢铖本都已经做好了被二次打击的心理准备，没想到却得到了老师的赞同与支持。

在老师的支持与鼓励下，卢铖自主学习了关于生理康复的理论知识，并着手开始策划整个项目。为了验证自己的设想，卢铖带着疑问，走访了多家医院，拜访康复科的医生和脑卒中的患者，在得到他们的建议后，才开始着手设计产品。在一次次调研的过程中，卢铖逐渐成了同学的小偶像，一些同学自告奋勇，要与卢铖组成团队，合力开发这款"游戏康复设备"。

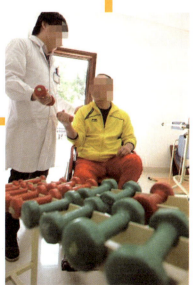

患者的康复生活

一群心怀梦想的中学生，开始了跟硬件与代码打交道的旅程。一方面要让游戏与康复训练结合，另一方面又要兼顾患者的实际情况，开发难度并不低。团队一次次地失败，又一次次地重拾信心再战，最终开发出了第一代的设备，手臂的挥动，手指的按压，都能传递对应的电子信号。初次的成功让团队信心大增，他们紧接着便开发了低难度的恢复操游戏和高难度的贪吃蛇游戏，患者按照游戏规则，跟随游戏做出相应的动作，利用这种方式替代传统的那种单调无趣的康复训练。为了验证设备的可行性，团队到南方医科大学附属第三医院开展产品试用活动，面向脑卒中患者进行产品测试。按照团队设计的使用方法，患者每天进行2次每次40分钟恢复训练。在进行了28天的试用后，患者的恢复情况跟精神状态都得到了很好的改善。在确定了产品的可行性后，团队终于松了口气，尽心尽力的付出并没有白费。用户的反馈也给了团队更多的期待，为了让患者的恢复生活更加有趣，团队又加入了智能小车模块，患者的肢体动作能够传递特定的控制信号，来操控小车。

低难度的
恢复操游戏

高难度的
贪吃蛇游戏

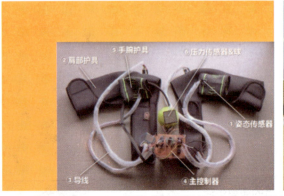

穿戴式康复设备（左）与智能小车模块（右）

辛苦的付出带来了回报，这款产品吸引了医疗设备制造商的注意。公司与团队签订了合作书，帮助团队推进产品的商业化。同时，团队积极参与了"互联网+"创新创业大赛，并夺得了萌芽赛道创新潜力奖，得到了不少投资人的认可。

卢铖说："未来，我希望我们的这款穿戴式设备，可以帮助更多的患者，让脑卒中患者的康复生活也能精彩快乐。"

5.1 最简可行产品设计

班服（图来源于网络）

现在如果需要你为班级设计班服，你会怎么做？你可能会先搜集代表班级文化的元素，设计一个或多个初稿，然后在班级中展示，咨询大家的意见和建议，然后改进改良。

非常棒，你在不知不觉中已经运用了最简可行产品的方式，你的图稿就是你想法的可视化模型。

第 5 章 最简可行产品及用户测试——提升鉴别能力

知识介绍

什么是最简可行产品

最简可行产品（Minimum Viable Product，简称 MVP）是指在成本最低的情况下，尽可能展现产品核心概念的策略，即以最快捷、最简明的方式建立一个具有可视化、可用的产品原型，这个产品原型要表达出产品的最终效果，然后通过不断迭代来完善细节。最简可行产品目的是尽可能减少失败的成本和缩短花费在产品迭代上的总时间。

最简可行产品要展示的内容

不是：趣味性 / 可用性 / 可靠性 / **产品功能**

而是：趣味性 / **可用性** / **可靠性** / **产品功能**

MVP 四大特点
- 只关注核心功能
- 能测试与演示功能
- 能体现你的创意
- 最低开发成本

Idea 的诞生 MVP 的功能确定 制作 MVP 寻找种子用户测试反馈 迭代优化

最简可行产品的生命周期图

5.1 最简可行产品设计

为什么要做最简可行产品

最简可行产品是用户探索的重要工具，是一种思维模式，它可以把你的想法，哪怕是一个很小的想法，通过直观化、可视化的方式呈现在客户的眼前。只有用户才能告诉你：你的设计是否是闭门造车？你的产品设计方向是否正确？你的产品还有哪些需要改进的地方？要知道，最简可行产品设计可能只是一个"四肢不全"的残缺品，但它却能让你准确判断哪些是精准用户，用户有多少，以及指明产品改良更迭的方向。这样可以让你更高效、更低成本、更低风险地进行产品开发。

传统的产品开发是希望为用户带来一个功能全面且强大的产品，强调的是"高质量"，但这往往伴随着巨大的开发成本和风险。因为一个成熟的产品面市，必须经过反复的推敲、研发、测试等，任何超出早期使用者所需的额外功能和修饰，都是一种时间和资源的浪费。

与传统的产品开发相比，最简可行产品设计可以让创业者更早地测试想法，用最低的成本试错。市场上绝对不是因为有了产品才有用户，而是因为有了用户才有产品，不走到用户面前，永远不清楚用户需要什么。

"最简"意味着可以低成本试错，"可行性"意味着确保产品有市场价值。亚马逊在1994年只是一个购书网页，页面非常简单，只有一份100万条的书单目录，可以查看书的作者、简介、书名、关键词等，但用户可以在里面找到自己想要的书，可以减少在书店找书的麻烦，非常受欢迎。虽然这个产品很简陋，但用户能够体验到网页的核心功能，在持续的使用和反馈中，亚马逊逐渐发展到现在，成为电商巨头。产品只有走到用户面前，接受市场的检验，及时抓住用户的痛点，才能赢得他们青睐。

制作MVP的意义——化繁为简

MVP的"化繁为简"，不仅体现在产品的功能与成本上，也体现在制作的流程和承担的风险等问题上。很多时候，人们往往都有求全的心理，抑或完美主义作祟，让我们觉得一个产品如果无法制作得精美无瑕便无法被用户接受，又或者希望产品的功能可以满足所有用户的需求，于是我们花费大量的时间，投入巨大的成本，以为就此能获得成功。但现实是，在早期制作产品时，每一步对产品的完善都需要巨大的支出，这时候便需要我们用MVP快速地辨别产品真实的用户群体和迭代的方向。总而言之，假如你想要你的产品能够成功，你就不可避免地会遇到非常多的复杂问题，而如何把复杂问题"化繁为简"从而提高成功的概率呢？那就快去做MVP吧。

第5章 最简可行产品及用户测试——提升鉴别能力

5.1 最简可行产品设计

小白创新实操日记——假设自己以为的完美产品面市后失败了

为什么要做 MVP

低成本试错
快速验证商业假设
辨别用户需求的真伪
确定产品的改进方向
辨别真实的用户群体

5.1 最简可行产品设计

美国有两个年轻人——布莱恩·切斯基（Brian Chesky）和乔·盖比亚（Joe Gebbia），他们住在旧金山的一个阁楼公寓里，因为没有稳定的收入，一度囊中羞涩，连付房租都有困难。于是他们决心要创业，顺便解决一下温饱问题。他们想到了一个两全其美的商业理念，就是把闲置房间拿去短租，当时来到城里参加各种设计会议的人特别多，周边的酒店每次都爆满，看到这个商机的他们便想验证一下这个想法是否可行。

当时他们自己没有任何正规的床位可供出租，只有3个充气床勉强凑合能出租。因此他们就把这个项目命名为"充气床+早餐"（Air bed and breakfast），他们上线的第一个网站域名就是 air bed and breakfast.com。这就是 Airbnb 名称的由来。在某一个大会期间，他们共为3个客人提供了"充气床+早餐"的服务，成功地完成了产品的第一次试运行。由于效果甚好，深受鼓舞的布莱恩和乔开始了进一步大胆尝试，他们拍了几张精美的阁楼照片，创建了一个简单的网页，很快就吸引了一些付费的客人。随后，积累了第一桶金的他们便打出了 Airbnb 品牌，开始了他们的创业扩张之路。

小米手机低成本试错

小米公司成立于 2010 年，成立后立即推出搭载在安卓系统基础上改良的 MIUI 操作系统的小米手机，刚面市的小米手机的销量却可以比肩一线品牌，直到现在依然处于手机品牌的一线地位。小米手机的优势除了 MIUI 比较符合国人的使用习惯外，更重要的是小米手机保持产品开发的透明度，一直扎根于用户，让用户参与开发。它是如何实现的呢？从第一代手机开始，小米每周五都会发布新版本供用户试用，鼓励用户积极参与互动，反馈意见。开发团队会及时根据用户的意见进行修改，在下周推出优化的版本。

就是这样，最初的小米手机并不是追求功能多么完善或者黑科技含量有多高，而是在不断进步，推出用户参与设计的且符合用户需求的产品。

共享汽车：美丽的泡沫终破灭

友友用车原名友友租车，成立于 2014 年 3 月，早期以 P2P 模式切入私家车共享领域，用户可以把自己的车辆放到平台上租赁给有驾照却无车的人使用。公司以有效治堵的理念出现在人们的眼前，于 2015 年开始主打电动汽车租赁业务，并于 2016 年年底实现了 70 个网点的覆盖，近 300 台电动汽车的保有量。但可惜到了 2017 年，公司宣布倒闭。同年，定位高端市场的共享汽车企业 EZZY 也宣布倒闭。原因是模式超前，市场环境不够成熟，用户体验差。共享汽车的便利度还不够，加上高昂的停车费用、充电难等问题，让用户的体验大打折扣，拥堵的城市交通和严格的牌照管理，都制约了共享汽车扩大规模。共享汽车运营成本高、收益低，使共享汽车模式最终失败。

如果这两家公司先开发低成本的 MVP，可以在短时间内掌握目标用户的痛点以及潜在的目标用户数量，确定产品研发方向，估算运营成本，再进一步实现产品落地，而不是从一开始就忽略用户的体验，直接投入大量资金实现这个超前的租车模式，就不会造成如此的经营风险。

5.1 最简可行产品设计

如何设计最简可行产品

最简可行产品需要依托可视化、直观化的载体，让用户清楚掌握产品的核心功能，也能让产品开发者高效地获取所需信息。最简可行产品的表现形式很多样，大致包括实物展示和虚拟展示等，实物展示包括模型、手绘图、沙盘等，而虚拟展示包括视频、PPT、人工模拟等，虽然是虚拟形式，但可以使产品可视化和把抽象的概念直观化。

不同的产品应用场景可以运用不同的形式展示，如建筑设计的MVP可以利用沙盘和概念视频等形式；工业设计的MVP可以是手绘图、模型等形式；网络产品可以通过网页测试、A/B版本测试；文创产品可以用众筹预售等。总之，不管是实物形式或者虚拟形式，都必须让用户有沉浸式体验，引起用户的兴趣或共鸣。

最简可行产品的形态	具体描述
手绘图	采用绘画的方式把产品形态、功能展现出来。
实体模型	用身边各种简单的资源做一个实体的产品模型。
软件工具展示	利用用户端交互的原型设计软件等方式对产品进行展示。
产品概念演示视频	用视频展示产品预期想达到的功能。
投放广告	通过传统媒体或新媒体的方式测试用户的态度。
预售筹款	利用众筹网站发起产品预售，判断市场体量并获得早期用户支持。
模拟体验	在产品正式问世前，在后台用人工进行模拟，让用户感受真实的服务流程。
现有资源的拼凑	将市场上现有的工具和服务组合起来变成一个可运行的演示Demo。
情景故事展现	通过营造故事情景，模拟用户使用经验，挖掘用户使用情绪、感受和反应。
网页测试	开发登录页面，测试用户的关注度和兴趣点。
A/B版本测试	开发A/B两版产品并推送给用户，了解用户对不同版本的反应。
……	最简可行产品的形态不限，可以有更多，也可以是两种以上的结合。例如，将产品演示视频与预售筹款结合起来，将投放广告与A/B版本测试结合起来。

第5章 最简可行产品及用户测试——提升鉴别能力

小白的世界

小白创新实操日记——"人工"智能

设计 MVP 的目的是验证你的假设：用户需要你的产品。只要达到了这个目的，它就是 MVP。所以不用太拘泥于产品功能和外形，它可能暂时无法完美呈现（毕竟研发投入的资金、时间与精力是巨大的），但一定要把创意或功能展示出来，让用户能够体验。

以"模拟体验"的 MVP 形态为例，实现真正的智能是需要巨大的开发成本的。而如何验证用户是否真的需要这样一款智能产品呢？最廉价的方法当然是找一个"人工小白"来实现所谓的智能啦。

智能刷鞋机

瞧一瞧，看一看！
人工智能最新产品！
不收一分钱，免费体验！

5.1 最简可行产品设计

为学校的文创产品设计最简可行产品

假设,现在需要你把母校的文创产品(包括徽章、明信片、雨伞、水杯等一系列纪念品)推广给全国的校友,你如何来设计最简可行产品。请选择两种最适合的最简可行产品形态,把你的想法写在下面的表格里。

	你选择的最简可行产品形态	选择这种最简可行产品形态的理由	具体设计描述
母校文创产品项目			

第 5 章 最简可行产品及用户测试——提升鉴别能力

分析工具

搭建用户需求地图，规划 MVP 功能

搭建用户需求地图，设计用户"接触产品——使用产品——结束体验"的过程，分析用户的需求，并按照优先级排序。最终通过满足用户优先级最高的需求来设计 MVP。这样的方式不仅有利于我们设计 MVP，也可以确定用户的真实需求，如果在某个环节我们对用户需求的假设与用户的实际需求有偏差，也可以快速地调整，从而确定产品的优化方向。

（1）将搜集到的用户需求进行分类。

在前面的痛点寻找与创新方法章节中，我们已经对用户的需求有了比较清晰的了解。但用户的需求可能无法通过一种功能来满足。这时候便需要我们对需求进行分类与排序。

在分类与排序完成后，你应该有一页这样的纸。

我想要可以在手机上叫车	我能够选择接送时间以及车的品牌和型号	在坐车的过程中，我的安全/体验能得到保障	我希望支付的价格标准是统一的
我不想在路边暴晒，还要和其他人抢车，才能拦到车辆，最好能在手机上叫车	我想要提前叫好车，这样我一出门就能上车了	如果司机对我态度很差，我希望能够马上投诉他	我不喜欢讨价还价，我希望价格公正
我不想下载软件，最好在微信上就能解决叫车的问题	我比较喜欢安静点的电动车，如果可以选择车型就好了	如果遇到危险，我能第一时间报警以及获得平台的有效救助	支付的详情最好都在平台上显示，这样我可以报销车费

小贴士

分类：把相似的需求放到同一个框中，然后对这一类的需求进行总结。

排序：在最上方，按用户体验的时间顺序从左到右进行排序。

分析工具

5.1 最简可行产品设计

（2）根据用户需求，设计功能。

这个阶段的目标是为你的 MVP 提出一个功能列表。按照用户的体验顺序，做一个横向的坐标轴，再按照功能的优先级（用户的需要程度）顺序，做一个竖向的坐标轴。然后在功能坐标轴上，根据功能完成的难易程度，画一条分线（MVP 线），在线的上方的功能即为 MVP 要实现/展示的功能。这样便对 MVP 的功能有了清晰的规划。

（3）设计 MVP 实现方式。

在得到 MVP 的功能规划表后，我们再进行 MVP 的设计。针对某一种功能，我们能够怎么去实现它，这时便可以参照前面的 MVP 形态表格。例如，做一个线上叫车的平台，要满足其中的线上叫车功能，不必花费大量的时间去制作软件、设计算法、与司机沟通等。只需要制作一个 UI 界面，后台用人工操作，根据用户的订单需求打电话给出租车公司即可。

MVP 计划——模拟体验

搭建简易的小程序，里面包含定位与目的地选择、接送时间选择、支付功能。接收用户数据的后台由人工处理，完成与的士司机沟通接送时间的工作。配备投诉电话，用户的反馈会被记录下来，遇到报警等特殊情况将由客服报警。

应用练习　5.1 最简可行产品设计

按照步骤规划你的 MVP 功能与实现方式

 小贴士

体验顺序 →

用户需求

功能

—————————— MVP 线

MVP 计划

1. 用户需求的分析要精炼，按体验的顺序排序清楚，这样才能在规划时有清晰的思路。

2. 这里的功能不一定是最终产品的全部功能，但一定是用户最关注、最需要的功能。同时，它也是可以实现的，一些细节的功能可以不展示。

3. MVP 的计划可以参照前面的 MVP 形态表，尽可能地用低成本的方式让用户体验到我们的创意。简而言之，方案可以简陋，但是得五脏俱全，该有的得有，以突出创意为主。

知识介绍

可视化原型——用可视化方式呈现你的概念

可视化的产品原型，不需要有过多的功能和美化，重点是让用户有"恰到好处"的体验，让用户参与测试，并使之后的产品在此基础上进一步开发。产品原型的表现形式很多，可以是手绘图、模型，或者是产品发布之前的雏形等可视化载体。用户通过可视化载体可以更好地体验产品核心功能，及时发现产品原型在体验过程中的缺点，继而便于开发者发现问题，然后对产品进一步改良，直到可以实现生产。例如，智能手机在更新换代之前，会通过广告、短视频等形式让用户认识它的功能，通过网络媒体搜集用户的反馈，这样比用户先使用再反馈，更高效、节约。

小零件拼凑出来的科技
广东某科技科普展上中小学科技爱好者制作的无人车（左一）、智能家居（中）和智能灯（右一）的原型。

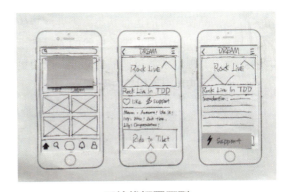

手绘线框图原型

低保真交互界面原型

高保真交互界面原型

知识介绍

"绿野仙踪法"——让用户拥有沉浸式体验

"绿野仙踪法"（The Wizard of OZ）是一种沉浸式的用户测试方法，最早用于需要人机交互的产品测试上，其灵感源于电影《绿野仙踪》，电影中的魔法师欺骗了多萝西给了她一个虚假的环境，但是体验却是真实的。我们在设计 MVP 的时候也可以参考这种方法，但需要设计者提供产品的可视化原型，并尽可能呈现产品的使用实况，让用户在体验产品时有沉浸式体验，引起共鸣。

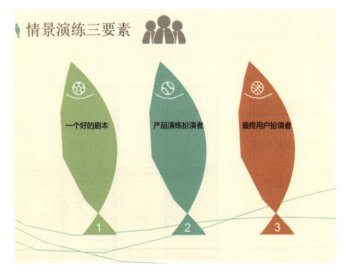

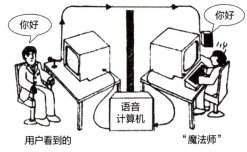

绿野仙踪法——听式打印机（IBM 1984）

在实施"绿野仙踪法"的过程中要先准备一个剧本，一个或多个演员扮演"巫师"（隐形人），以及一个用户扮演者——模拟完整产品使用时的运行状态。需要注意的是，扮演用户进行体验的人最好没有提前了解过产品的功能，以便更真实地得到用户的反馈。

分析工具

纸板原型制作

纸板原型制作是一种常见的实体产品可视化展示,通过收集简单易得的纸板来展示创意产品。尽管无法通过纸板原型实现产品的全部功能,但其可视化、快速制造、低成本的方式可以让我们在早期快速测试用户对产品的在意程度与功能实现的可行性。例如,你可以拿着你的纸板原型问你的用户——

"假如有这样一款产品,你会喜欢它的外形吗?"

"这样的尺寸是否能够符合你的需求?"

"你能找到它的按钮吗?"

"你觉得有哪些地方需要改进呢?"

通过这种方式,我们可以快速地检验产品的不足之处。有时候,一些功能可能在想象时是可行的,实际情况却存在一些矛盾之处,这时候也可以借助纸板原型的可视化特点来检测。

有些时候,我们做的产品,只关注核心功能,却不考虑实际产品的外形、触感、操控感等是否能够被用户接受,又或者忽略了很多体验上的细节。有时候是开关的位置放在了用户难接触的地方,有时候是尺寸太大或太小,难以清洗,边缘过于锋利等。这些细节都会影响用户对产品的体验。

小贴士

- 纸板原型应尽可能还原产品的真实外形与尺寸。
- 纸板可以采用快递箱之类的材料。
- 条件允许应为产品添加上颜色。
- 纸板可以通过情景演示的方式展示功能(人工模拟)。

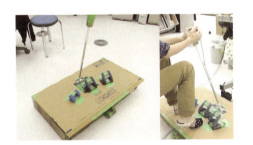

任天堂的纸板原型

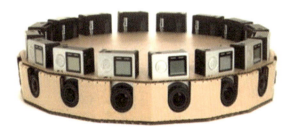

谷歌头戴式耳机和
运动控制器纸板原型

学生案例
美瞳清洗机纸板模型

应用练习

呈现你项目的可视化原型

5.1 最简可行产品设计

以组为单位,根据你所在的小组在本节课中受到的启发,为你们打算开发的产品制作实物可视化原型。(**产品是实物。**)

以组为单位,利用手绘图、PPT等方式,把开发的产品或者服务展示出来,有能力者也可以使用如Axure、墨刀、Mockplus等原型软件,把APP的交互过程呈现出来。(**产品是软件或服务。**)

各个小组在完成可视化原型的制作后,用情景演练的方式,把用户如何体验产品和服务展示出来。记住,尽量清楚地展示用户体验产品的功能或服务的流程,并对原型未能展现的功能加以描述。

拿小本记下来

注意事项

APP线框图主要包括启动页、注册/登录页面、导航页、个人中心页、二级详情页等,要能实现一次完整的体验。

纸板模型的制作:有机械功能的,不能只做外观,要把主要运行结构基本展示出来,如尽可能展示简单电路、无线电感应等。

如果你的项目既有硬件,又要做软件,请同时做出线框图和纸板模型。

要避免的误区

情景演练不是电视购物广告。

情景演练不是直播带货。

情景演练不是演话剧,更不是演闹剧。

5.2 小规模用户测试

每日优鲜——低成本、小范围打造用户体验

每日优鲜团队在刚进入生鲜配送行业的时候,他们判断做前置仓(把仓库建到用户密集的区域)很有可能是强化核心竞争力的关键。但能想到做前置仓的并非他们一家,很多竞争对手也有这样的判断。于是他们决定用MVP的方式测试一下。

在当时,大部分的生鲜电商选择了用低成本的方式迅速地在多个城市铺设很多前置仓。因为这样可以接触到很多用户。而每日优鲜团队选择了另一种策略:一年的时间内,用所有的预算,只做一个前置仓,并且由创始人徐正亲自挂帅。结果是什么呢?每日优鲜的前置仓做起来了,大部分竞争对手的前置仓项目做失败了。

为什么同样是低成本的测试,在投入的时间跟金钱都差不多的情况下,结果却截然不同呢?试想一下,在低成本投入的情况下,在各个城市铺设多个前置仓会是怎样的情况?因为资源不足,产品和服务肯定会打折扣。比如管理混乱,送货不及时,货品单一,产品不新鲜等。最终带给消费者的是一个负面的体验,自然就不长久。而每日优鲜的策略是把所有的资源都倾注在一个前置仓中,确保产品丰富的同时,管理也相对更为容易。尽管用户不多,却把品牌的名声打了起来,自然就赢得了消费者的认可。

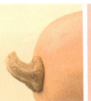

161

知识介绍

用户测试的目的——低成本试错及持续优化

用户测试是一种有效且低成本的试错方法，凡是远离用户的产品开发都是闭门造车。用户测试可以通过某些手段，如调查问卷、用户访谈等，了解用户的使用体验和使用习惯，判断用户黏性和用户对产品喜爱程度，以及产品是否存在需要改进的地方等。测试时还可以提供一些产品开发的构想，收集客户反应及反馈意见。

◆ **当产品 <0 时，市场潜力大和用户价值高的需求是首选**

在产品还没有一个明确的方向或者对核心功能把握不够时，我们就需要通过市场调查获取发生频率高且急需解决的需求，这个市场调查的数据必需够大才能尽可能地贴近事实，根据高频痛点有针对性地选择开发方向。

◆ **当产品从 0 到 1 时，"小而优"是目标**

这个阶段作为产品开发的初期，要从大方向中缩小范围，确定某个非常必要且可以完成的开发目标，还要思考这个目标如何实现、怎样实现，实现到那个程度等。这个阶段的产品开发目标需要小而优，切忌确定多个目标，以免造成精力和资源的浪费，开发资源要用在刀刃上。

◆ **当产品从 1 到 N 时，以市场反馈为导向的产品迭代**

这个阶段，最简可行产品会有越来越明确的前进目标。经过市场不断的反馈和团队同步进行的优化，产品会成为越来越符合大多数用户所需求的优秀产品。

1 市场调查期间 接近事实是根基

2 产品开发期间 小而优是目标

3 产品迭代期间 不断迭代是方法

最简可行产品所处的不同测试阶段，对应的产品的精细程度、满足的用户需求的层级也是不同的。要让最简可行产品足够简单，就要求我们能在不同阶段，从开始到迭代的过程中，能对不同的需求层级、精细程度进行选择。

■ **精简流程**——简单明了的操作流程。

太过复杂的操作流程会让用户失去耐心，就无法达到测试的效果。

■ **精准需求**——明确做什么，做到哪种程度。

用户需求足够精准才可以使产品的核心价值精准，"精准"是指能准确找到并专注于某个用户群体的某个需求，不能满足的要果断舍弃。

小白创新实操日记——"你们的产品糟糕透了"

5.2 小规模用户测试

第一个产品总是不完美的

很多人对拿着一个半成品就去见用户这件事非常抗拒,认为这跟将炒到一半的菜端给食客一样,会毁了自己的名声,更会损失早期的用户。但从来没有一个产品在刚做出来时就是完美的,用户的抱怨是早晚的事情。所以无论你是低成本开发还是高成本开发,都会面临同样的窘境。

用户的抱怨是优化的方向

如果你的 MVP 得到的是用户的抱怨,那说明用户还是需要你的产品的,只是它的体验可能没有预想的那么好,我们只需要朝着用户抱怨的方向改就好了。如果你面临的是连一声抱怨都没有的境地,那么你的产品可能从一开始就错了。

第 5 章 最简可行产品及用户测试——提升鉴别能力

分析工具

鼓励用户"出声思考"的技巧

出声思考（Think Aloud），也被译为发声思考，是指测试的参与者在执行某项任务的过程中，要说出自己思考的所有内容，是心理学和认知科学研究中收集研究数据时常用的方法之一。1982年，IBM公司的克莱顿·刘易斯（Clayton Lewis）在《以任务为中心的界面设计》一书中将出声思考引入到可用性领域，现在这种方法已经发展成为产品可用性测试中常见的一种方法。

出声思考最大的优势是让测试者在体验产品过程中的思维可视化。测试者在执行任务的过程中需要一边操作一边表述自己的感受，通过这个方法，开发者可以获取大量对产品开发有价值的信息，包括测试者如何执行这个任务（执行时的思维模式），对产品评价如何，对产品设计是否存在误解和疑惑的地方，为什么会产生误解和疑惑等。这些信息都可以帮助开发者对产品原型进行有效验证，还可以有针对性地对产品进行优化改良。

此外，出声思考的方法还有易操作、可信度高、低成本等优势。但此方法也有一定的局限性，并不是测试者所说出的评论都是有用的，测试之前，测试者需要经过培训，知道要怎么表述（尽量不要过滤观点，需要把最直接的想法说出来）。产品开发人员需要提供有特点的任务让测试者完成，时刻关注测试者的状态，毕竟长时间地自言自语并不是一件简单的事，因此我们需要学习一些引导技巧。

小贴士　让用户"出声思考"的技巧

让用户成为老师

这里有一个非常有创意的解决方案。在用户边上放一只塑料鸭子，告知用户鸭子的姓名，并说："你看，鸭子Frank有一点儿不聪明。他不知道怎么使用这个产品。"

面对老用户，你可以说："希望你能够帮我教导鸭子Frank如何使用这个产品。"而面对新用户，你可以说："希望你能和鸭子Frank一起探索这个产品怎么使用或这个任务怎么完成。"

示例演示

我们可以在测试前给用户看一段视频，视频中演示一段理想的"出声思考"是怎么样的。让不熟悉"出声思考"的人有一个明显的模仿及参考标准。演示视频不要超过1分钟，不要与要测试的产品/任务重复。

明确问题

在用户进行任务前，强调需要他们思考的一系列问题，并要求其尽可能地用语言表达出来。而在测试过程中，如果用户表现沉默和停顿，直接询问："你现在在想什么？"如果这些都不起作用的话，在测试后与用户一起回顾他们的测试过程，并询问遇到这些问题时他们是怎么想的。

分析工具

指南针反馈表

5.2 小规模用户测试

将所有用户的数据整理到下面这个"检测指南针"表格中。"测试指南针"有四个维度。

东（E）——代表用户感到兴奋（Excited）　　　　西（W）——代表用户感到担忧（Worrisome）
南（S）——代表用户提出的改进意见（Suggestion for moving forward）　　北（N）——代表用户需要进一步了解（Need to know）

通过整理、归纳用户测试的结果，把所有用户的回答总结在"测试指南针"内，就能很清晰地知道产品的可行性和改进方向。

E：用户非常满意我们的设计，产品给他们带来了惊喜。

S：用户对产品或服务的某些部分提出了新的构想或建议。

N：用户对展示的产品或服务原型不清楚，不懂得如何使用，需要进一步了解。

W：用户非常不满意我们的设计，担心这个项目很可能失败。

测试工具——KANO 模型

东京理工大学教授狩野纪昭 (Noriaki Kano) 和他的同事设计出了 KANO 模型。该模型是对用户需求进行分类和优先排序的有用工具，以分析产品性能对用户满意度的影响为基础，展现了产品性能与用户满意度之间的非线性关系，从而可以确定产品实现过程中的优先级。KANO 模型将影响用户满意度的因素归类成了五个类型，分别是基本型需求、期望型需求、魅力型需求（兴奋型需求）、无差异型需求、反向型需求。

基本型需求
能用吗？

基本型需求也称为理所当然需求或必备型需求，相当于用户的痛点，是企业必须满足的用户在产品或服务上的基本要求，也是用户默认必须被满足的需求。当需求被满足时，用户会认为理所应当，哪怕远远超出用户所需，满意度也不会因此显著提升；但当需求满足不充分或者没有被满足时，用户对产品的满意度会大幅下降，甚至不会选择该产品。

例如，通信功能对于手机而言是必备的功能，用户在使用手机时不会因为它能打电话而感到满意；相反，若因为手机质量问题导致不能正常通话，用户会感到很不满。

期望型需求
好用吗？

期望型需求也称为意愿型需求，相当于客户的痒点。需求的满足程度与用户的满意状况成正比，此类需求得到满足或远超于用户期望时，用户的满意度会显著上升，反之，此类需求没有被满足时，用户的满意度会随之下降。虽然期望型需求不是"必需"的产品属性，用户并不会对此需求特别苛刻，但会随着用户的反馈而不断完善，是否满足该需求也许会成为产品能否脱颖而出的关键。

例如，新能源汽车让人焦虑的续航里程以及漫长的充电时长一直都受到消费者的诟病，但某品牌新能源车推出可拆卸电池，当汽车电量较低时到专门的网点更换一个满电的电池即可，充电就跟加油一样快，这种举措自然能获得消费者更高的满意度和更大的消费人群。

魅力型需求
有超出期望吗？

魅力型需求又称为兴奋型需求，用户对该需求不会有过高的期望，甚至不会想到该需求，但该需求一旦被满足（哪怕是产品或服务并不完善），用户的满意度会急剧上升；若不提供此需求，用户满意度也不会因此降低。满足该需求会为用户带来惊喜，会提高用户黏性，但因为该需求并不容易发现（哪怕是用户本身），这需要我们去洞察并挖掘，满足该需求可以成为占领先机的关键。

例如，某酒店会为当天过生日的顾客赠送蛋糕和鲜花，这让顾客感到惊喜和感动，但没有提供该项服务的其他酒店也不会使顾客感到失望和不满。

无差异型需求
根本不在意！

无差异需求是指不论产品是否具有此项功能或服务，都不会影响用户体验。满足该需求可能是一种资源浪费。

例如，购物时商家提供的没太大实用价值的纪念品。

反向型需求
快点撤掉吧！

反向型需求又叫逆向型需求，是指会诱发强烈不满和导致低水平满意度的产品性能，与用户满意程度成反比。

例如，用户需下载一个软件时发现软件会捆绑下载其他软件，这会占用内存空间或拖慢电脑的运行速度，这对于用户来说是一个非常不爽的体验。

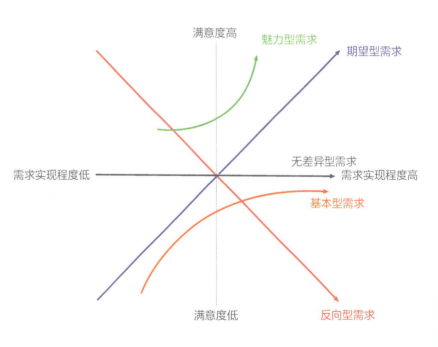

用 KANO 模型判断用户是否在意你的设计

第一步，找到 10 个受访用户，选择一个功能对用户进行提问，分为产品具备这个功能与不具备这个功能两种情境，用户按五级评分量表说出自己的感受。

如果产品具备这个功能，你对产品的感受是：1. 非常喜欢产品有这个功能；2. 产品本身就应该有这个功能；3. 产品有没有这个功能无所谓；4. 产品有这个功能还算能忍受；5. 产品有这个功能非常不喜欢。

如果产品不具备这个功能，你对产品的感受是：1. 产品没有这个功能是件极好的事；2. 产品本身就应该没有这个功能；3. 产品有没有这个功能无所谓；4. 产品没有这个功能还算能忍受；5. 产品没有这个功能会非常不喜欢。

××功能创意

如果具备这个功能，你觉得如何？（正向问题）				
1.喜欢	2.应该	3.无所谓	4.能忍受	5.不喜欢

如果没有这个功能，你觉得如何？（负向问题）				
1.喜欢	2.应该	3.无所谓	4.能忍受	5.不喜欢

第二步，填好受访者的回答，在评价结果分类对照表中，根据用户回答的正向问题与负向问题的交叉点，找到这个英文代号。

魅力型需求 (A)：有，非常满意；没有，不会失望。
期望型需求 (O)：有，开心；没有，不开心。
基本型需求 (M)：有，没感觉；没有，不开心。
无差异型需求 (I)：有，没感觉；没有，没感觉。
反向型需求 (R)：有，不开心；没有，开心。
可疑结果 (Q)：没有确定的满意程度，或因其他不明确的因素导致回答无效。

KANO评价结果分类对照表

产品、明显需求		负面问题（没有××）				
		喜欢	理应如此	无所谓	能忍受	不喜欢
正向（有××）	喜欢	Q	A	A	A	O
	理所应当	R	I	I	I	M
	无所谓	R	I	I	I	M
	能忍受	R	I	I	I	M
	不喜欢	R	R	R	R	Q

第三步，整理评价结果，统计英文代号数量，换算成百分比。占比最多的结果，就是该功能的测试结果。假如 M 占比最多，那么该功能属于基本型需求。

评价结果	A	O	M	I	R	分析结果
百分比(%)						

第四步，以满意影响力 SI 为横坐标，不满意影响力 DSI 为纵坐标，构成需求影响力矩阵。根据上表的百分比数据，套用公式，计算 SI 满意影响力、DSI 不满意影响力的数值。用影响力数值（SI，DSI）当坐标，把落点画在需求影响力矩阵中。

$$满意影响力 SI = (A+O)/(A+O+M+I)$$

$$不满意影响力 DSI = -1 \times (O+M)/(A+O+M+I)$$

判定：落点离原点越近，说明敏感性越小；离原点越远，敏感性越大。

一般情况下，可以考虑设置半径为 0.7 的扇形作为判定区域，对落在扇形内的结果暂时不予考虑。

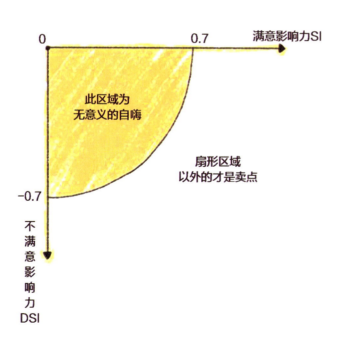

应用练习

5.2 小规模用户测试

用 KANO 模型测试你的主打功能是否属于"自嗨"

用 KANO 模型测试你的主打功能,是用户真正在意的呢,还是自己一厢情愿的自嗨。记住 KANO 模型进行测试的四个步骤,测试结束后宣布你得到的结果。

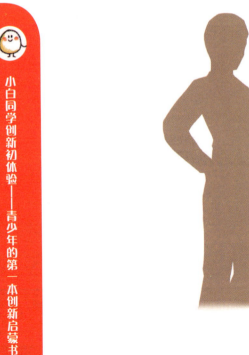

小白创新实操日记——产品越来越好了

根据前面的步骤与工具，小白团队已经完成了最简可行产品测试。经过验证与测试，他们确定了产品改进的方向，成功让产品变得更加完善。

在实际的产品开发过程中，这些步骤也是必不可少的。开发者必须在"开发——测试——认知"的循环里重复多次，才能确定产品的最终形态，才能做出真正的好产品。

第 6 章 样机制作与持续优化
——提升动手能力

- **6.1** 开发规划与制作流程
- **6.2** 功能拆解与逐一实现
- **6.3** 样机评审与持续优化

防烫伤智能安全餐具——用小创意解决大问题

有一则新闻,一位年轻的妈妈由于疏忽大意,直接把滚烫的食物喂给了幼儿,导致该幼儿的食道被严重烫伤,进入了医院的重症监护室,最终虽然抢救成功,但是该幼儿的食道、声带等都受到了严重的损伤,将影响一生。其实,我们每个人在生活中应该都有过被食物烫伤的经历,只是成年人能够判断,一般不会出现太危险的烫伤情况。而儿童、老人的判断能力和反应能力不高,被严重烫伤的概率是非常高的。

这则新闻开启了深圳市翠园中学高二学生邓禹的研发历程。邓禹和同学组成的团队研究了大量案例,发现被食物烫伤的场景大都发生在被他人喂食时,由于喂食者疏忽大意没有判断食物温度是否安全而造成。所以,想解决这个痛点,在理论上并不难,如果能开发一款智能化的餐具,能够直接主动判断食物温度会不会对人体造成伤害,一旦有风险则立刻通过各种方式警告使用者,停止喂食行为,便能极大地降低人们被烫伤的可能性。

但是,当邓禹兴致勃勃地把这些想法跟一些"技术专家"进行沟通时,很多人觉得这个想法太简单,只是学生的幻想,没多少实用价值,甚至完全不可能成为"产品"。在这个过程中,邓禹并没有气馁,和团队一次又一次地试制样机、改良设计,终于在经过 5 次迭代之后,通过 3D 打印技术和开源软件,把"准商品级"的产品展现在人们面前,让人们对这个想法有了更清晰的认识。

展示实物是让质疑者噤声的最好方式

如果只是一个简单的构想,很难回应别人的质疑。但是,当一个接近产品的功能性样机出现在人们眼前,并能让用户进行对比和体验时,之前的很多质疑声都会慢慢消失。

对一名中学生来说,这种持之以恒的研究精神和精益求精的开发理念,让邓禹团队获得了大量的鼓励和支持。这个曾经被认为是"学生的幻想"的项目,代表学校参加了多个重量级的青少年科技创新类赛事,并屡获佳绩。不仅获得了第六届中国国际"互联网+"大学生创新创业大赛萌芽赛道创新潜力奖,还获得了广东省青少年科技创新大赛金奖和两个专项奖,并被《南方都市报》等媒体整版报道。该项目目前已经获得实用新型专利 3 项,并已经以专利授权的方式,和某科技企业进行联合开发。邓禹团队"让医院不再有被食物烫伤的病人"的小梦想,正在逐步地实现。

6.1 开发规划与制作流程

小白创新实操日记——缺钱也是个大难题

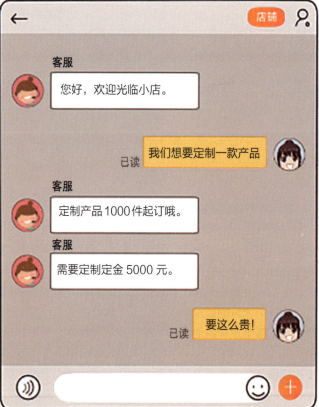

6.1 开发规划与制作流程

样机制作的意义

主观意义：原型样机（Prototype）是产品开发过程中处于开发阶段早期的阶段性成果，是最终交付产品的雏形，具有产品的关键功能与性能。一般通过样机对项目进行验证和测试，对前期的工作成果进行分析和总结，为项目的逐步完善提供必要的支撑。

客观意义：通过样机的制作与展示，能够帮助第三方群体更加真实、直观地了解整个项目，从而获得更有效的反馈信息，并且帮助项目在早期进行市场预热、消费调研，对项目的开发有着非常重要的意义。也可以视为一种低成本的试错方式。

样机迭代开发的金字塔

"项目"启动之后，在产品开发过程中，不同的开发阶段，产品的开发状态及交付的产品形态也不同，通常会有概念样机（模型）、原型（功能）样机、工程样机、生产样机等。每一个阶段，根据最终测试的结果，可能会对样机进行数次的调整和改版，直至满足开发规划的要求为止。

在研究过程中，如果不考虑大批量生产，工程样机和生产样机几乎是可以画等号的。并不是每个项目都要完整地经历样机开发迭代的每个阶段。

生产样机
小批量试制产品

工程样机
完整的产品形态和功能

原型（功能）样机
产品的关键功能与性能

概念样机（模型）
展现产品的设计理念、外形等

青少年科技作品的样机开发范围

第 6 章　样机制作与持续优化——提升动手能力

175

6.1 开发规划与制作流程

知识介绍：样机"孵化"——从创意到产品的过程

对小白同学来说，想从零开始"孵化"一个产品，是非常困难的。产品开发是非常复杂的交叉学科，需要综合运用工学、美学、心理学、经济学、人机工程、新材料、新工艺等知识，是一个对产品的功能、结构、形态及包装等进行整合优化的创新过程，在企业里往往都是由专业的工程师团队，如硬件（HW）、软件（SW）、外观（ID）、结构（MD）等工程师进行协同开发。

所以，在青少年科技创新的阶段，我们没有必要按照产品级样机的要求进行整机（系统）形态的设计，能够基本表达自己的设计构思，传达自己的思维理念即可。关于整机开发的流程，以防烫伤智能安全餐具为例进行简单的阐述。

1 创意灵感/项目立项

某天你看到媒体报道，有儿童因为食物烫伤住院。结合自己被食物烫伤的经历，大胆设想、小心求证之后，很激动地产生了一个想法：防烫伤智能安全餐具。兴致勃勃地跟老妈描述了半天，老妈打着哈欠说"没听明白"。

2 草图绘画/方案雏形

于是你找来了几张纸和笔，画了N个勺子、筷子、叉子，上面歪歪扭扭地标注着显示温度、报警喇叭等。这次再去给老妈炫耀，老妈看看说好像是那么回事啊，但还是兴趣不大。

3 二维渲染

这时有个电脑绘画水平比较高的同学帮你加上了材质、高光、阴影、细节和详细的文字说明。这次老妈就非常惊讶了，但觉得这仅仅是一个平面的图片而已，没有直观立体的感受，不知道产品到底是什么样的。

4 三维建模/效果渲染

于是同学帮你进行3D建模、渲染，并模拟了真实的产品形态。老妈说这个太厉害了。但是能做出来吗？

5 功能原型

于是，你和老师、同学一起研究方案、分析硬件、规划功能、编写软件、联合调试，用开源电子零件，最终制作出了能根据温度报警的一堆零部件和代码。再去找老妈，老妈一脸懵地问："这跟你给我看的3D图长得不太一样啊！"

6 原型样机

于是，你把所有的器件规划好位置，利用三维建模软件设计了一个勺子一样的外壳，用3D打印机做出实物之后，把所有的开源电子零件安装在里面，这样，长得像勺子的第一代智能餐具便诞生了。

7 迭代改良

你又把做好的样机给老妈炫耀，挑剔的老妈一脸震惊地给予一番赞誉之后，开始发挥购物狂的本能进行批判：这个体积太大，这里闪光太强，声音太刺耳……然后，你默默地记下这些问题，找到更小的器件、更柔和的灯光、更低沉的喇叭……重新测量器件、建模、打印、制作。第二代更小巧的样机出现了。

8 工程样机

经过几代改良之后，老妈有个企业家朋友看完原型样机后很感兴趣，想和你一起把这产品造出来卖。于是，专业的工程师根据样机的思路，更换芯片、定制主板、设计外观、优化结构，然后通过专业的模型工厂，制作了体积、手感、材质、功能几乎都完美的商品化样机。

9 进入市场

然后，企业陆续通过生产开发、市场营销等环节，让创意变成产品，走进了千家万户……

6.1 开发规划与制作流程

开发能力维度的自查与技能补齐

对于小白同学来说，从"创意"到"产品（实物及 APP 等）"之间，还有很多的能力要去磨炼，一个人完成全部工作是很难的。这时，团队协作的重要性就体现出来了，我们可以通过能力维度的分析，根据成员的特长，安排相应的"工作任务"，让每个团队成员扮演一种角色，并提升相应的能力。比如"项目经理"（提升项目管理能力）、"产品设计师"（提升二维、三维创作能力）、硬件工程师（提升开源电子零件开发能力）等。

对于一般的创新项目来说，小白同学如果想自己独立完成，至少需要具备以下能力（要么努力学习提高、要么再增加团队成员）。

个人能力	对应角色	任务安排	技能需求	常用辅助软件
领导力、沟通与协调能力、时间管理能力、分析总结能力	项目经理	负责整个项目的管控（产品定义、开发时间管控）	项目统筹规划、团队工作分配、内外部资源沟通协调	办公软件、项目管理软件（ERP）、思维分析软件等
艺术与设计、版面设计与视觉传达、空间思维	产品设计师	负责项目的对外视觉呈现（产品、系统、图纸），产品结构设计、产品宣传资料	简单手绘、二维及三维设计、图片处理与编辑、工程结构设计技能等	二维及三维设计软件、图像处理软件、文档制作软件等
开源硬件、电子器件的使用、编程基础、软硬件开发与应用	硬件、软件工程师	负责项目的软、硬件功能的实现，系统及程序的开发，项目相关功能的测试、改进等	开源硬件开发设计、控制程序的设计与开发、整体硬件方案（设计、测试、搭设等）	与开源硬件、系统、服务、数据库等开发相关的软件
样机制作、路演表达、信息检索、资料汇总	其他角色（可兼任）	样机的制作、资料的收集、数据分析、产品的展示、路演表达等	创客技能（焊接、二次加工等）、摄影及剪辑、信息检索分析、演讲表达等	办公软件、图像处理软件、视频剪辑相关软件等

177

小白的世界

6.1 开发规划与制作流程

小白创新实操日记——招募技术合伙人

知识介绍

样机的开发流程

1. 绘制草图

确定你的产品功能与外形，利用手绘的方式，画出产品草图。

2. 功能与外形设计

样机制作的准备工作。包括功能流程图、外形设计图、硬件选用、软件选用、功能实现方案、电路图等。

3. 制作样机

把概念付诸实施，制作样机。样机不需要美观，以实现产品基本功能为目标。这一步需要做的工作可能包括硬件（材料）采购、产品装配、测试验证……

6.1 开发规划与制作流程

第6章 样机制作与持续优化——提升动手能力

6.1 开发规划与制作流程

实例分析：防烫伤智能安全餐具的样机开发迭代过程

在项目开发的过程中，样机迭代开发是非常重要的过程，往往需要多次反复的测试、验证、改良，直至达到项目的功能预期为止。以防烫伤智能安全餐具为例，项目的功能逻辑是非常简单的——通过传感器采集食物温度，将温度数据反馈给主控模块，再通过烧录的判定程序对数据进行判定，根据程序的逻辑，确定是否启动输出提醒器件。只要学过智能硬件编程的学生，模拟编译这个判定程序都不会太难。但是，如何把概念变成实物，则需要多次的开发与迭代。

开发规划过程：开发的第一步是确定产品的功能逻辑（重要）；通过仿真软件进行功能模拟

样机验证过程：基于 Arduino 的第一代功能样机和设计图纸 → 修改（增加按键功能）后的功能样机和设计图纸 → 工程样机（完整产品形态及功能）

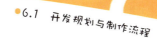

样机开发的基本流程——利用快速原型技术降低试错成本

小白同学一直在好奇，为什么很多概念车发布的时候非常酷炫，但是量产之后完全不一样了呢？其实，一个新产品（项目）在开发过程中，总是要对初始设计进行多次修改，才有可能完成或者优于最初的产品规划，再进一步走向市场。

通常，产品（项目）到达经销商或终端用户的手中，很快就会收到各种反馈的意见，认为这个产品应该可以在某些方面进行改良。于是，研发企业会根据所搜集到的意见和反馈，对产品进行改型或者迭代开发。

但是在制造业中，"修改"是个谈起来容易，但做起来非常难的事。哪怕是外观上的一点修改，往往就要重新制作模具。更严重的是，即使投入大量资金进行修改，也不一定能够得到市场的认可，多次修改导致拖延时间，就可能意味着失去市场——试错的成本非常高昂！

快速原型技术（Rapid Prototyping，简称RP）就是在这样的社会背景下于1988年诞生于美国，迅速扩展到欧洲和日本，并于20世纪90年代初期引进我国。

快速原型技术综合应用各种现代技术（开源电子、3D打印、数字化加工等），直接快速地将电脑设计数据转化为实物。利用这种方式能够快速地对产品（项目）进行迭代开发，极大地降低项目开发的时间及资金投入等，大幅缩减了项目的试错成本。

目前，快速原型技术，在硬件产品、软件系统、工程项目中都得到了大量应用。

由于青少年科技创新产品（项目）一般不会涉及产品化过程，所以通过快速原型技术进行多次完善迭代，会极大地提升产品（项目）的开发效率。

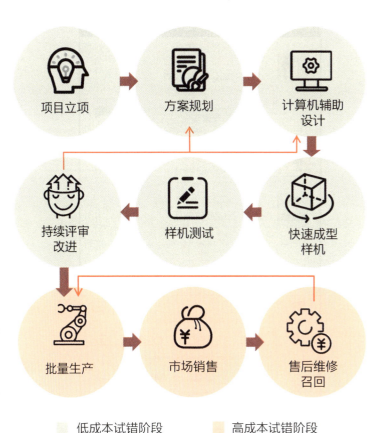

小白创新实操日记——分工合作

6.1 开发规划与制作流程

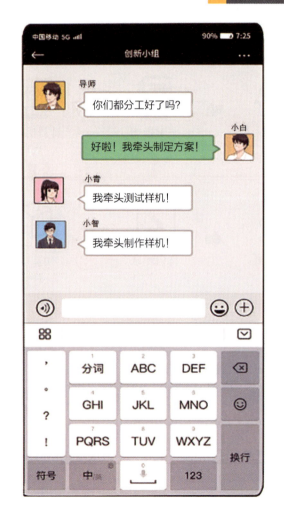

182

6.1 开发规划与制作流程

知识介绍：最常见的项目开发方式——迭代式开发

一般企业为了抢占市场，基本都在进行迭代式开发，以风靡全球的苹果手机为例，从第一代产品到最新一代产品，已经经过了数次的"迭代"。迭代式开发是一种"小步快跑"的方式，有助于团队对项目（产品）的每一个细节进行分析整理，然后结合用户（评审者）的意见和建议，在下一步的研发设计中提出整套的解决方案。同时，迭代式开发可以大幅降低项目（产品）的研发风险。

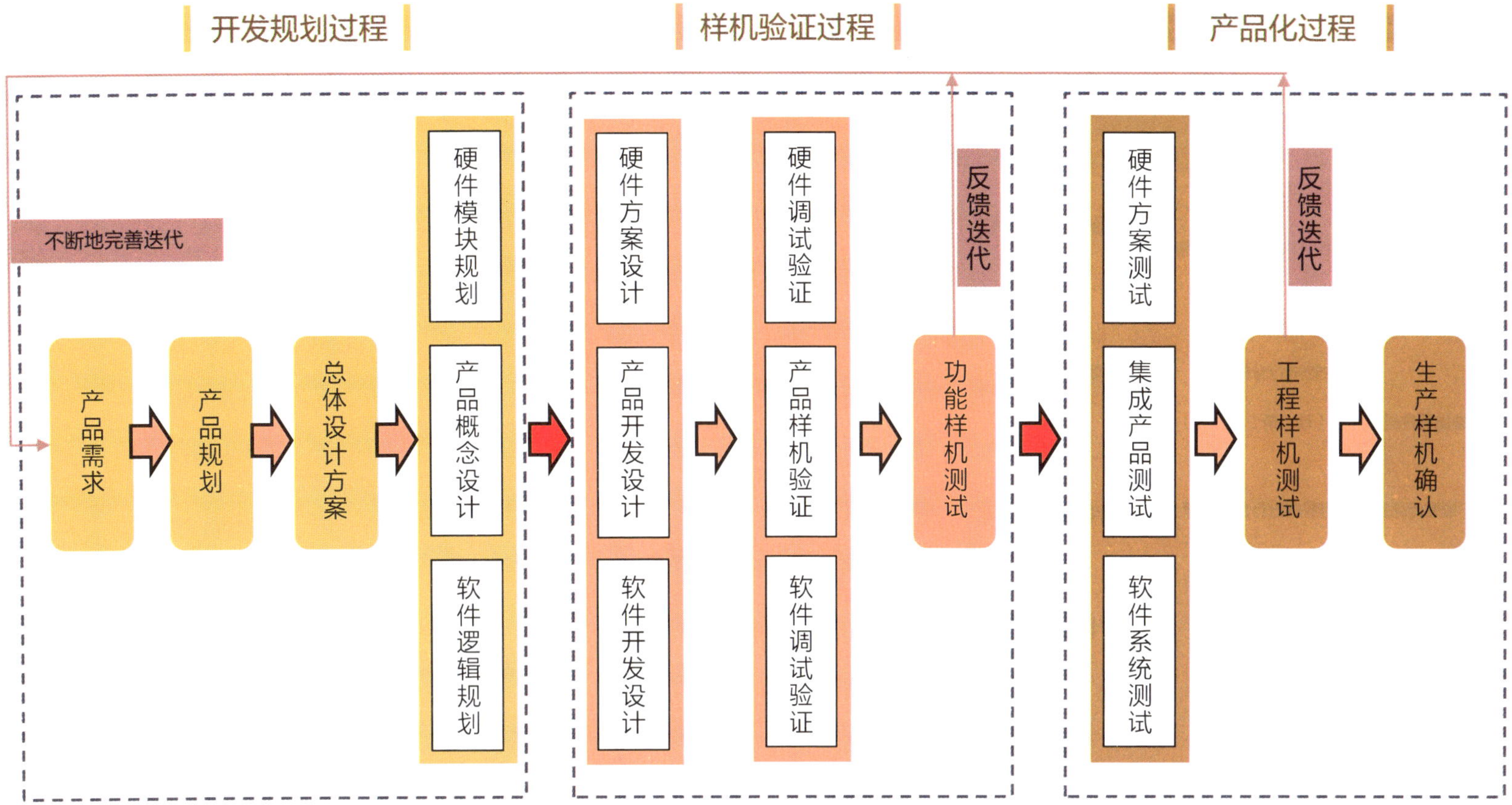

开发规划过程：产品需求 → 产品规划 → 总体设计方案 → 硬件模块规划 / 产品概念设计 / 软件逻辑规划

样机验证过程：硬件方案设计 / 产品开发设计 / 软件开发设计 → 硬件调试验证 / 产品样机验证 / 软件调试验证 → 功能样机测试

产品化过程：硬件方案测试 / 集成产品测试 / 软件系统测试 → 工程样机测试 → 生产样机确认

不断地完善迭代；反馈迭代

第 6 章 样机制作与持续优化——提升动手能力

实例分析 方向比努力重要——前期开发规划的重要性

在产品（项目）的开发过程中，方向一旦出现错误，则意味着后期大量的人力、物力、时间的投入都无法取得预期的收益，甚至会造成无法挽回的损失。所以，在产品（项目）开发流程中，最重要的阶段便是前期开发规划。

关于产品需求分析等环节，前面的章节已经进行了详细的介绍。本章着重介绍如何制订详细的前期规划。

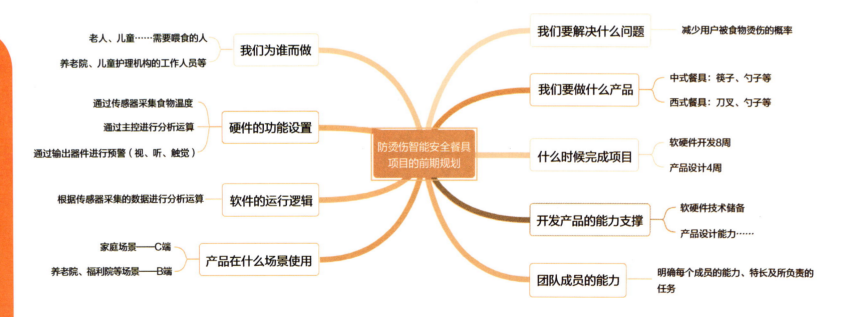

带着问题去做规划——利用思维导图构建大量的项目问题矩阵

6.1 开发规划与制作流程

如果你现在也有新的项目（产品）开发思路，不妨按照思维导图的方式，尽可能多地发现问题，并提供解决方案。通过这个过程，来让项目的规划更加清晰？

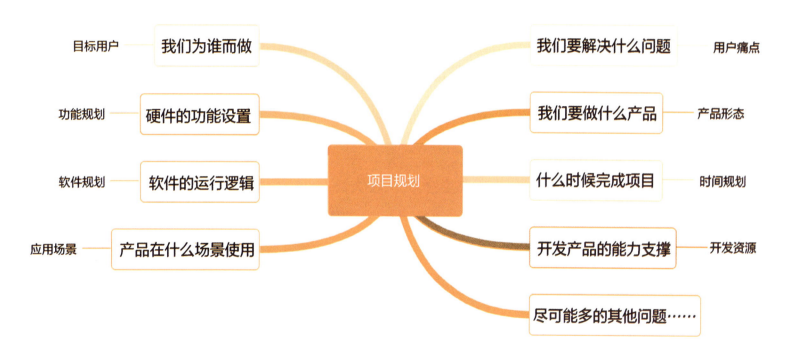

第 6 章 样机制作与持续优化——提升动手能力

实例分析

6.2 功能拆解与逐一实现

通过"加减法"逐步完成样机的开发

在对自己想做的项目进行了清晰的规划之后，我们就需要一个明确的方案来进行下一步的工作安排。从创意到最终的工程样机，基本上都需要在一个初步框架的基础上进行数轮的"加法"和"减法"论证。这个过程可以按照以下的开发流程进行。

做加法
项目基本功能确定后，思考这个方案的功能、性能是否可以更强大？是否可以更加智能化，是否可以加入其他的卖点……

做减法
做完加法的方案会得到进一步的完善，现在需要考虑，这些功能我们能不能一次开发出来？现有的技术是否能够实现方案需求？先把无法完成的部分减去，把能做到的部分完成，做出第一代的功能样机。

做加法
完成第一代功能样机并进行测试后，开始迭代样机的改良。能否更强大？能否更轻巧？能否更漂亮？继续用"加法"对项目进行完善（一般会持续数次）。

做减法
在原型样机到产品量产前，一般都会进行多次的"降低成本"(Cost down)。通过减法，去掉不必要功能、器件、耗材、生产工艺等。让产品的生产效率更高、成本更低，使得项目收益更高……

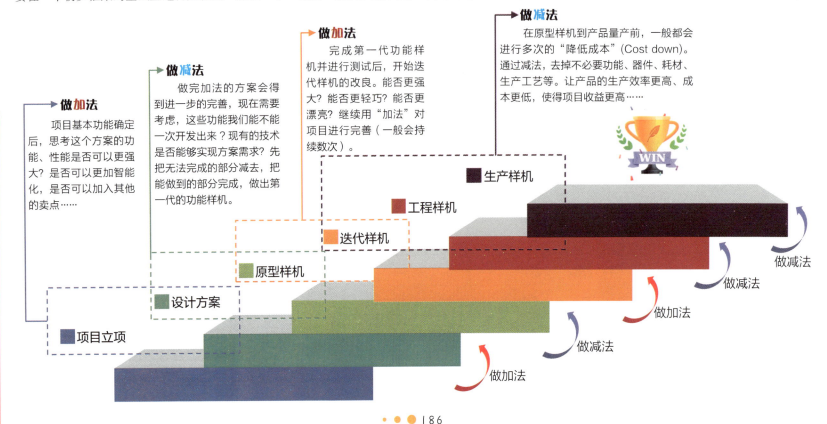

实例分析

6.2 功能拆解与逐一实现

给项目做加法形成更完善的方案，再做减法确定功能并制作原型样机

在项目方案形成的过程中，可以结合奥斯本检核表法，对项目进行进一步优化，形成更详细的方案。然后，根据团队自身的情况进行删减，确定第一代的功能样机。这样，项目开发就进入了实质性操作阶段。

以"防烫伤智能安全餐具"为例，其原型样机功能确定的流程大致如下。

项目基本构思

① 以小勺子为主体的餐具，喂饭使用。

② 用来探测食物温度，并向用户发出预警。

③ 能够根据不同的温度，进行不同方式的预警（视觉、听觉、触觉）。

加法 →

方案检核表

序号	检核项目	方案构思	能否立即实施
1	能否他用	紧急状况下当作体温计或者其他温度计用	可以
2	能否借用	借助无线通信技术，让食物温度数据化，进行健康数据管理	当前不具备技术开发能力
3	能否扩大	把技术应用到更大的汤匙、调羹以及其他餐具上	可以，但实际意义不大
4	能否缩小	缩小体积，做成折叠的便携餐具或婴儿用餐具	当前不具备技术开发能力
5	能否代用	用硅胶等柔性材料代替餐具的金属部分，让用户体验更舒适	可以
6	能否调整	通过程序让用户自己调整预警的温度，满足用户个性化需求	可以
7	能否颠倒	设置低温警报，防止因喂食太凉的食物而损害健康	意义不大且预警方式容易引起混淆
8	能否变化	通过外形的变化，让餐具更加个性化，满足不同用户的需求	可以
9	能否组合	增加专用的充电消毒盒，让消毒和充电更方便	可以

减法 →

原型样机功能规划

① 以小勺子为主体的餐具，喂饭使用。

② 用来探测食物温度，并向用户发出预警。

③ 能够根据不同的温度，进行不同方式的预警（视觉、听觉、触觉）。

④ 能够当作温度计使用。

⑤ 更换材料满足婴儿市场的需求。

⑥ 增加物理按键，让用户自定义预警温度。

⑦ 产品外观个性化。

⑧ 增加专用充电消毒盒。

第6章 样机制作与持续优化——提升动手能力

知识介绍

开源电子技术在原型样机制作中的应用及平台的选择

企业在研发产品的过程中，在完成功能规划之后，一般会由软硬件工程师根据项目的需求，通过定制研发的方式，完成原型样机。但这种方式需要大量的资金、设备、人力资源投入，并不适合小白同学的创新研究。

由于青少年科技创新一般不需要考虑"产品化量产"的需求，推荐使用开源硬件进行原型机开发，虽然会对产品的形态造成一定影响（不能做得太小、太轻，可能会影响产品的外观设计及电气性能等），但其入门简单、通用性强、价格低廉、开发工具简单易用（大部分软件已经支持图形化开发），且拥有强大的资源库，是进行原型样机开发的首选。

在开源硬件开发环境中，最常用的当属 Arduino、树莓派、Micro:bit 三大平台。对于初学者来说，我们推荐 Arduino，它拥有庞大的社区资源、大量的示例项目和教程，可以轻松地与其他外部设备连接。而且硬件价格低廉，扩展性强，软件开发环境免费，有大量图形化编程软件支持，对初学者非常友好。如果涉及网络通信、数据处理等需要较大运算能力的项目，则推荐相当于小型 PC 主机的树莓派。当然还有其他的开发平台，比如 51 单片机、虚谷号、香蕉派、机智云等可供大家研究选择。

平台	Arduino	树莓派	Micro:bit/掌控板
实用性	实用性强，能胜任一般的原型机开发	性能强大，可以理解为PC主机	性能一般，适合用于创客教学
难易度	基础的电子知识和简单的编程知识	较难，需要基础的Linux知识和电子知识	简单，适合零基础学习
价格	价格低	价格较高	一般，性价比较低
扩展性	扩展性强，硬件资源丰富但内存容量较低	强，兼容大部分Arduino硬件模块	一般，需要增加转接板
社区资源	拥有开源硬件平台中最庞大的社区资源和项目库	社区资源及项目库丰富，能够支持较为复杂的系统性项目开发	社区资源丰富，但项目库过于简单，对复杂项目的支持不够

原型样机的功能拆解与逐一实现

6.2 功能拆解与逐一实现

完善了样机功能规划,初步选定了硬件平台之后,我们需要完成硬件功能拆解,并选择相应的模块(器件),通过软件开发调试,逐一实现其功能。

以"防烫伤智能安全餐具"为例,功能拆解与器件选择如下表。在功能拆解环节,前期拆解得越详细,项目的开发进度越快。

用途分类		实现功能	首选方案	备选方案
产品主体	硬件平台(主控)	原型样机开发基础,烧录1运行程序	Arduino UNO	无
	数据输入(采集端)	用于采集食物的温度数据	DS18B20 温度传感器	K 型热电偶
		用户通过物理按键输入信号	6×6 轻触按键	电容式触摸按键
	响应输出(执行端)	听觉预警(刺耳声音)	有源蜂鸣器	小型喇叭
		视觉预警(灯光)	高亮 LED 灯	像射灯
		触觉预警(震动)	小型柱状马达	小型扁平马达
		温度显示(显示食物温度)	0.28 小型 4 位数码管	小型 OLED 屏幕
	电力储存(能量源)	提供日常用电	3.7V 锂离子聚合物电芯(小型)	可充电纽扣式电池
	稳压充电(为电池充电)	为电池充电	微型无线充电接收模组	DC-DC 有线充电模具
	其他电子器件	原型样机调试用器件	杜邦线、面包板、电阻	
产品配件	可充电消毒盒(配件)	通过消毒盒为餐具消毒杀菌	UV-C 深紫 1W 消毒灯	无
		通过消毒盒为餐具无线充电	微型无线充电发射模组	无
		消毒盒内部储电	3.7V 锂聚合物电芯(1000mah)	无
		为消毒盒充电	DC-DC 有线充电模具	无

189

原型软件的开发流程及功能实现

6.2 功能拆解与逐一实现

任何硬件产品都需要执行代码后才能运作。我们搭建硬件电路是基于代码来完成的,两者缺一不可。如同人通过大脑来控制肢体活动是一个道理。如果把代码看作大脑的话,外围硬件就是肢体,肢体的活动取决于大脑,所以硬件的实现取决于代码。

对初学者来说,我们推荐使用 Arduino 平台进行研究学习。Arduino 平台常用的编程软件包括官方软件 Arduino IDE,图形化软件 Mixly、Mind+ 等,入门都非常简单。而树莓派等开发平台,则需要一定的编程语言基础(Linux),入门时有一定的学习难度。

Arduino IDE

Arduino IDE 是一款基于 Processing IDE 开发的集成开发环境(代码编程),对于初学者来说,极易掌握,同时有着足够的灵活性。不需要太多的单片机基础和编程基础,简单学习后,你也可以快速地进行开发。

Mixly

Mixly 是一款由北京师范大学米思齐团队基于 Google 的 Blockly 图形化编程框架开发的,是免费开源的图形化 Arduino 编程软件。特点是具备更好入门的图形化"积木式"编程以及强大的预置模块,非常适合零基础的初学者。

Mind+ 是基于 Scratch3.0 开发的一款青少年编程软件,该软件支持 Arduino、Micro:bit、掌控板等主流开源硬件。不仅功能丰富强大,而且拥有清爽的界面,极大地降低了学习编程的入门门槛,即使用户不懂任何编程知识也能快速上手。

Mind+

软件编程逻辑案例

软件编程并非本书的主要内容,同学们在实际的软件操作环节,可以进行自主学习,通过网络检索等途径可以获得大量的技术支持。

在进行软件编程之前,结合前期的产品功能逻辑和硬件功能规划拆解,对软件运行的流程进行梳理,即软件编程逻辑分析,会起到事半功倍的效果。

以"防烫伤智能安全餐具"为例,对应的软件编程逻辑如下。

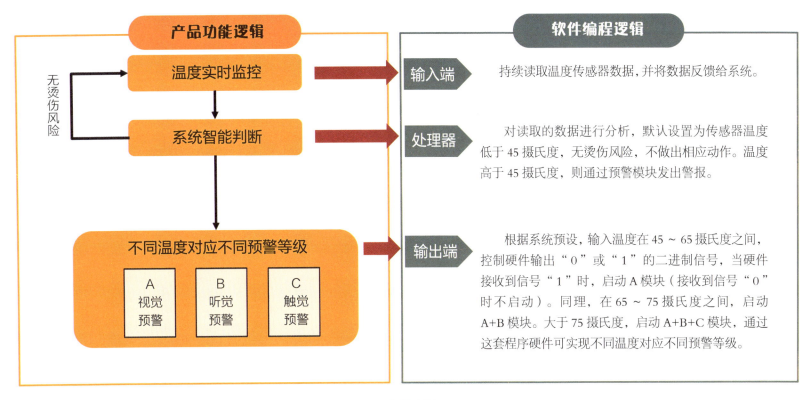

产品功能逻辑

- 温度实时监控
- 系统智能判断
- 不同温度对应不同预警等级
  - A 视觉预警
  - B 听觉预警
  - C 触觉预警

无烫伤风险

软件编程逻辑

- **输入端**:持续读取温度传感器数据,并将数据反馈给系统。
- **处理器**:对读取的数据进行分析,默认设置为传感器温度低于45摄氏度,无烫伤风险,不做出相应动作。温度高于45摄氏度,则通过预警模块发出警报。
- **输出端**:根据系统预设,输入温度在45~65摄氏度之间,控制硬件输出"0"或"1"的二进制信号,当硬件接收到信号"1"时,启动A模块(接收到信号"0"时不启动)。同理,在65~75摄氏度之间,启动A+B模块。大于75摄氏度,启动A+B+C模块,通过这套程序硬件可实现不同温度对应不同预警等级。

原型样机的整机设计

6.2 功能拆解与逐一实现

有了功能原型之后,我们需要制作完整的原型样机,以便在完善项目的同时,启动市场调研之类的工作。

一般企业进行产品开发时,基本上是先设计产品,再定制开发,这样能够保持产品的独特性。但是,研发投入会非常大(时间、物力、人力),成本居高不下。于是,当前许多企业都开始流行"平台共用"的设计理念,尤其在汽车企业中,往往一个基础平台能够研发数十款车型,这降低了生产成本,减少了开发时间,并且大幅提高了新产品的开发进度,从而为企业带来巨大的利润。

所以当前产品的整机设计,以"产品主导"和"平台主导"两种方式为主。产品主导的方式多用于研发成本相对较低的小型电子产品、快速消费品等(定制主板、器件等投入不会太高),以便满足消费者个性化的需求。而平台主导的产品,则大部分用于投入较大的项目,以大幅降低研发成本,如汽车、机械等。

青少年的原型样机设计,一般是以"平台主导"为主(不具备定制器件的能力),硬件平台的尺寸、功能、结构都会直接影响最终产品的形态。所以初步的原型样机可能和设计图纸的区别会比较大,这也是我们需要不停迭代的主要原因。

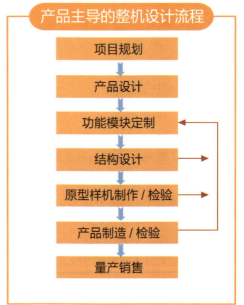

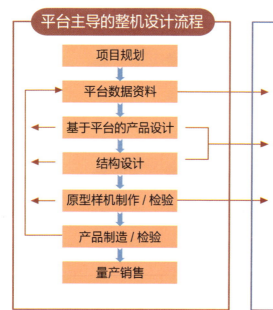

针对开源硬件项目的一些设计流程调整

测量开源电子元器件的体积(尺寸),并按照产品形态进行合理的摆放,再利用3D建模软件进行平台数据建模。

在平台数据3D模型数据的基础上,进行产品外观建模,并根据产品设计构思,拆解不同的零件,形成可以支持后续加工(3D打印)的零部件。设计过程需要较高的三维设计建模能力。

利用3D打印等工艺,制作出相应的零部件,并配合开源电子元器件进行安装调试。由于数据模型准确度、零件加工精度、制成技术的原因,原型样机有较大瑕疵是正常现象,一般最终展示的"工程样机"都是经过多次迭代修改、矫正之后的作品。

知识介绍

产品设计的软件与技能

6.2 功能拆解与逐一实现

计算机辅助设计是产品设计行业最常用的方式,相关的设计类专业软件也非常多,近几年由于国家、企业、社会对产品设计的重视,很多大学也开设了产品设计的相关专业。

结合软件的普及性、功能性与难易程度,我们推荐以下几种功能强大、入门简单、兼容性强、项目案例及课程资源丰富的二维和三维设计软件及渲染器供大家自行研究学习。

平面(二维)设计三剑客,大名鼎鼎的 PS、AI、CDR

工业级三维工程设计软件,应用广泛的 CREO(原名 Pro/E)、SolidWorks

插件丰富的模型(动画)渲染器 KeyShot

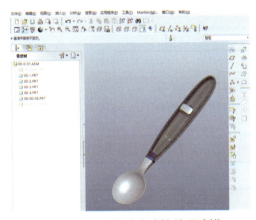

利用 CREO 软件完成的外观建模结构设计

利用 KeyShot 渲染和 Photoshop 修图完成的产品应用展示

利用 Arduino 开源电子和 3D 打印外壳完成的工程样机

第 6 章 样机制作与持续优化——提升动手能力

6.3 样机评审与持续优化

项目开发过程中的评审与优化

项目在开发的过程中，评审与优化是始终存在的，无论是从初期灵感到方案，从方案到图纸，还是从图纸到实物的过程。针对不同类型的项目，在不同阶段，评审标准和优化方式不同。

比如你把创作灵感告诉妈妈，妈妈觉得这个项目不可行，然后你根据妈妈的意见做了修改，她觉得这个项目变得有趣了，这就是最早期的评审。或者在制作原型样机的过程中，你写了一段代码，可以控制硬件的运行，但是灵敏度不高，老师帮你仔细评审分析代码，在进行改正之后你发现硬件的灵敏度提高了很多，这也是评审与优化的过程。

一般企业在项目的开发过程中，会根据项目的阶段，组织负责相应领域的人员（专家），通过会议的形式，对项目进行深入的评审（Project Review），通过群体的智慧弥补个人看待问题的局限性。项目评审是一个工作流程中的一环，也是一个阶段的总结报告。通过这种会评的方式，从可靠性的角度出发，按照事先确定的设计评审表进行，通过可用性测查工具，及时发现项目中潜在的缺陷，加速设计的成熟，减少无用功的出现，降低决策风险。这种方式在所有项目的开发过程中，都有着非常积极的意义。

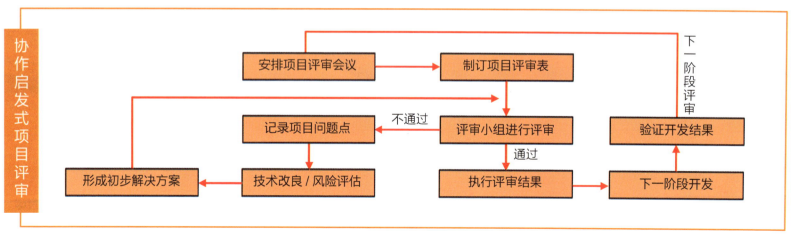

6.3 样机评审与持续优化

小白创新实操日记——《中国好创新》

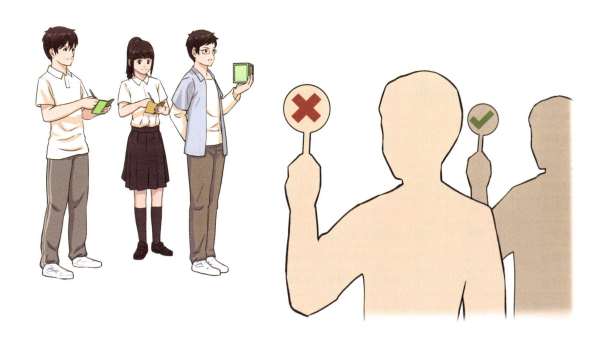

大部分企业的评审方式,是安排技术专家以角色扮演的方式来完成设置的任务并给出评审结果。这种评审方式在缺少专家团队的项目中,由于知识结构及技术能力的欠缺,很难全面地对项目进行分析评估。因此在青少年创新的项目评审中,以协作的形式来进行评审更为合适,不需要资深的专家,可以是同学、家长、老师、小伙伴等,只要愿意参与测试就可以。协作启发式评审以小组为单位,能够很好地整合更多的问题。在这个过程中,完整的项目评审表将发挥重要的作用。在详细的评审规则之下,任何人都可以秒变专家。

第6章 样机制作与持续优化——提升动手能力

项目评审表的制订

项目评审表是根据项目的不同阶段,针对评审内容制订的表格。在软件类项目中,可以参考"尼尔森十大可用性原则"制订评审表;而对于硬件类项目,则需要根据项目内容制订不同的评审内容。项目评审过程中,按照表格内容逐一评审,并详细记录评审的结果。经过问题汇总后,根据问题的优先等级,进行项目的优化、改良、迭代等工作。

在每次评审之前,评审表要尽可能详细地罗列项目当前的各种问题,以便提高项目评审后的分析、总结及优化等工作的效率。评审表可以参考以下内容自行设计。

类别	评审项目	序号	评审内容	评审结果	问题记录
整体评估	功能完善性	01	样机是否完成概念规划的所有功能		
	进度管理	02	项目开发的时间进度是否符合预期		
	设计一致性	03	样机整体设计是否与概念图纸相符		
产品硬件	硬件尺寸	04	硬件尺寸是否满足项目规划		
	硬件性能	05	硬件是否能够满足规划的性能需求		
	稳定性	06	硬件系统的兼容性、稳定性是否达标		
软件系统	硬件控制	07	烧录的程序能否良好地控制硬件运行		
	软件性能	08	软件的性能、稳定性、延迟等是否达标		
	BUG检查	09	进行测试中,软件是否存在明显BUG		
产品样机	产品体验	10	产品用户体验是否达到预期		
	整机样机	11	样机组装、工艺、外观等是否符合预期		
	样机测试	12	样机能否进行测试?测试结果如何?		
附件	附件性能	13	附件能否满足项目规划的功能……		
	附件配合	14	附件与主机的配合情况、兼容性等		
	……	15	……继续罗列大量详细的评审内容		

6.3 样机评审与持续优化

评审结果及问题分析

通过小组会议讨论，把相同、相近的问题统一成一个可优化的问题保留下来，然后整理到一起，这就是整个项目存在的大大小小、各种各样的问题了。

接下来，我们引入另一个方法——评审结果分析阵图（阵图象限可以根据不同项目的类型进行调整）。

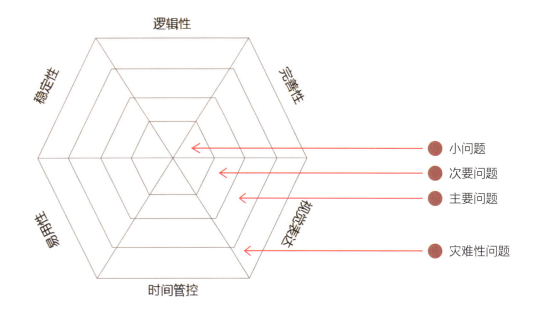

我们一般会把评审表里的类别分为6~8个大类。在评审之后，可以把每个评审类别作为一个模块，用一张阵图来表示，最终把项目的每个模块都用一张阵图来承载所对应的问题，比如产品硬件、产品设计模块等。然后把搜集到的问题以"点"的形式，放到对应模块的阵图当中。图纸中心向外为问题严重等级，依次为小问题（1）、次要问题（2）、主要问题（3）、灾难性问题（4），要与项目评审表中的问题记录相互对应。

分析工具

项目的持续优化

6.3 样机评审与持续优化

阵图进行比较之后，哪个模块的问题最多，问题出现在哪个方向上，哪些问题严重到迫切需要解决，所有这些内容立刻变得清晰明了。

通过协作启发式评审，我们知道了当前产品到底有哪些问题。通过阵图分析，我们知道了哪些模块的最迫切需要优化。

知道了这些，我们在进行项目优化的时候还会不知道该如何下手吗？接下来就要靠你自己了，按照同样的方式，持续迭代完善，相信你一定会做得更好。

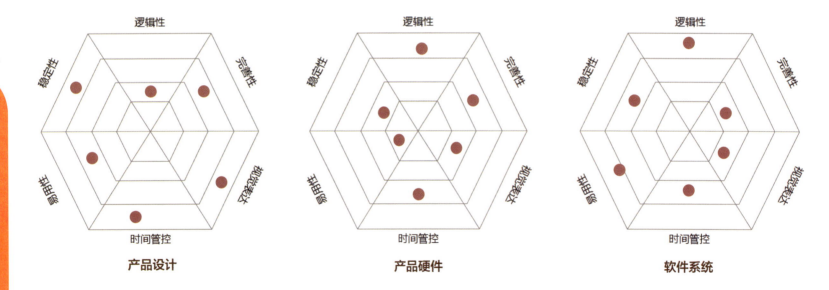

当然，这种方法只能帮助小白同学在产品迭代的过程中少走一些弯路，少一些试错的过程。一个真正精彩的项目（产品）是需要从战略层（项目规划阶段）一步步做起的，我们需要清楚地知道产品的目标是什么，我们能提供什么，我们想要得到什么。对于项目方案的迭代，我们还要从使用场景（目标客户）、功能定位（产品的服务方向）、产品优势（与竞品的差异化）、商业前景（盈利模式）等方面进行更深入研究。

第 7 章 路演与呈现
——提升写作力与表达力

7.1 撰写商业计划书

7.2 路演技巧

中学学子开发的 RainStormServer 道路积水实时预警系统强势上线

台风来临，城市道路积水为患，人们出行是否安全只能靠猜。道路积水信息不透明导致出行危险又紧张。这些痛点，被深圳中学的 RainStormServer 团队一一攻破。

身处南方的他们，经常遇到这样的痛点。于是，便萌生了开发道路积水预警系统的想法，初衷是让人们在暴雨天能实时掌握道路积水情况。

他们将想法告知指导老师李丽华后，经过老师的帮助，在两天内收集了近 300 份的有效调研结果，超过 88% 的市民表示对平台有较强需求。探明了目前深圳市城市内涝预警系统存在的问题，确认市民对道路积水预警系统的需求以及微信小程序可以满足这一需求后，团队决定制作一款针对道路积水的实时预警系统。

预警系统的制作过程漫长且艰难，但技术创新从来都不是单打独斗。李昊轩、黄飞扬、刘皓星、王蕴达四位同学组成 RainStormServer 团队，他们从问卷调研，实地考察，专家访谈，到数学建模，设计传感器，开发微信小程序，再到实现云数据填充，几乎投入了所有的课余时间。RainStormServer 团队在腾讯青少年科技学院的支持下，验证了基于流体力学的积水深度预测数学模型的正确性，通过实验论证了云端服务系统与智能传感器构成的预警系统可以胜任城市内涝预警系统的工作。

传感器经过4轮技术迭代，续航与可靠性提升的同时，成本大幅降低；云服务端有针对性地优化了数据处理算法，兼顾效率与安全性；积水预测模型开发出一主四副多套算法，可以对次生灾害进行预测；微信小程序结合腾讯地图路况服务，通过图表可视化地呈现积水数据。

最终，他们结合流体力学建模、智能终端、物联网、云计算及微信小程序，通过严谨的研究、切实的实践，成功推出了具有高可用性的城市内涝实时预警平台。预警平台上线运行后，将从三个方面为市民带来便利，一是可以对强降水过程导致的积水情况做出提前预估预警；二是可以实时查询出行经过路段积水情况；三是针对积水和强降雨进行科普。

未来，RainStormServer团队将秉持"宏大设想、踏实脚步"的态度优化系统构架、增加CFD处理模块；通过AI神经网络处理大数据，反哺预测模型。并计划同导航服务与汽车电台合作，开发嵌入式积水预警服务，"润物细无声"地服务社会。

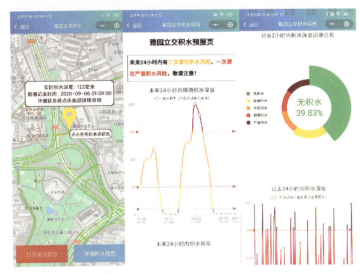

小程序

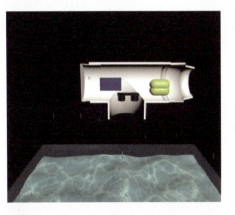

传感器
内部结构图

智能传感器
实拍图

7.1 撰写商业计划书

商业计划书

商业计划书（Business Plan），简称BP，是创业者提供给潜在投资者、合作伙伴关于自身项目情况的一份书面材料。按照一定的内容和样式编写，通过文字、图片等形式全面展示项目的现状、潜力等内容。常见的商业计划书有文本商业计划书和PPT商业计划书两种形式。

商业计划书的作用：

- 系统梳理项目的工具
- 向合作伙伴提供的介绍信
- 凝聚团队和对外展示的窗口

小贴士

路演，是指在公共场所进行演说、演示产品、推介理念，以及向他人推广自己的公司、团体、产品、想法的一种方式。通过路演的方式，引起目标人群的关注，使他们产生兴趣，最终达成资源获取、融资、销售等目标。

路演是创业者吸引投资人关注的一种方式，也是创新创业大赛的主要形式，还可以是新产品发布的形式。

小白创新实操日记——准备商业计划书

7.1 撰写商业计划书

团队三人报名了创新创业大赛，并着手准备商业计划书。可刚上手，便遇到了种种难题。

创新性、可行性、商业性等名词是什么意思？

一个好的项目应该展示什么内容？

项目的特色是什么？

如何做到逻辑清晰、文字凝练？

怎样做到既要讲大白话让别人听得懂，又要让别人相信你的项目是专业的、可行的，而不是一个"空中楼阁"？

如何写好商业计划书？

先从商业计划书九步框架法入手。

第 7 章　路演与呈现——提升写作力与表达力

知识介绍

商业计划书九步框架法

1 项目简介
一句话介绍你们是谁，在做什么事情，帮助客户解决什么问题。

2 用户痛点
用户是谁？痛点是什么？给他们带来了什么困扰和损耗？

3 解决方案
解决方案是怎样的？是如何解决问题的？

4 竞争优势
对比竞品，你们有什么独特的地方做得比他们强？为什么用户要买你们的产品？

5 用户价值
为用户创造了什么价值，帮助用户实现了什么愿望？

6 盈利模式
你们的产品准备怎么赚钱，定价是多少？怎么把产品卖出去？

7 团队介绍
团队有多少人？分别是谁？有什么经历？如何分工？

8 目前阶段
项目目前做到哪一步了？用户反馈如何？

9 未来计划
下一步计划做什么？如何推进你的计划？未来准备达到一个怎样的目标？

一份好的商业计划书应该如何呈现

商业计划书就是创业项目的第一张脸。

好的商业计划书：逻辑清晰、文字精练、观点鲜明、视觉美观。

撰写、修改、打磨商业计划书的过程也是团队不断明确思路的过程。

如果想要商业计划书更具有吸引力，还可以从以下四点下功夫。

有情
具有人文关怀，比如帮助弱势群体，比如让社区更加和谐文明等。

有用
能证明我们能解决问题，并且确实是解决了一个以前未能很好解决的问题。

有料
创新技术上有一定壁垒，并且有相应的佐证支撑材料，如专利。

有趣
有意思的、有现场感的项目，更容易引起评委的兴趣与共情。

7.1 撰写商业计划书

小白创新实操日记——尴尬的路演初体验

小贴士

　　第一次路演，难免都会有些紧张、卡顿、口吃、讲不出话或者忘词。演讲者要想把路演做好，除了勤加练习，更要对项目非常熟悉。

　　尝试一下，用九步框架法来熟悉项目，并写出演讲稿。

小白同学创新初体验——青少年的第一本创新启蒙书

7.1 撰写商业计划书

撰写一份商业计划书

第一步 项目简介

尽可能用一句话说清楚，我们是什么样的人，想解决什么样的问题，有什么亮点。

用一句话介绍你的项目

例 电子商务网站Socialista旨在帮助新手妈妈以批发价自动订购尿不湿等婴儿产品。

_____
_____
_____
_____。

试试回答以下问题

（选取一些适合你们的项目的表述方式）

①我们是 _____
_____
_____
_____。

②我们为 _____
_____
_____
_____人群服务。

③我们的核心产品/服务是 _____
_____
_____。

④我们的产品利用 _____
特色功能帮助目标用户
_____解决
_____问题。

⑤我们项目主要解决的问题是 _____
_____
_____
_____。

应用练习

7.1 撰写商业计划书

第二步 用户有什么痛点急需解决，他们想要什么（用户痛点）

痛点是什么
我们来讲一个故事，当主人公遭遇到 _____（某个事件），他的 _____（需求）没有被充分满足。

①具体的痛点是什么，是我们能解决的吗？
②痛点发生在什么具体场合？
③痛点有多痛，它给人造成多大的效益损耗？
④有这个痛点的人群广吗，市场有多大？
⑤我们如何发现这个痛点的？用户的未被满足的需求是什么？（我们对痛点的理解是否深刻。）

痛点带来的损失
面对痛点，用户一般怎么应对？
这带来了什么损失（经济、效率、体验等）？

痛点分析
有多少人有这样的痛点？
发生频率有多高？
涉及的人群有多广？

痛点人群
这类人群有什么特点？
在这个痛点中，他们最无法忍受的是？

用户真实需求
用户真正想要的是什么？
我们是如何发现的（调研、观察）？

208

应用练习

7.1 撰写商业计划书

第三步 我们有一个很棒的解决方案（解决方案）

①我们的解决方案具体是什么？
②产品长什么样？有什么功能？
③用了什么技术？如何实现的？
④我们的创新点是什么（要回应前面提出的痛点）？

创新点

我们的创新点有多少个？利用什么技术（设计）解决了什么难点？

带来效果

它可以做到怎样？（节约成本，带来效益）

如何实现

我们利用了什么技术？如何实现我们的功能？（功能示意图、简要流程框图）

我们的解决方案

是什么样的？（产品与服务的原型图）
有什么功能？
解决什么痛点？（与前面对应）

第 7 章 路演与呈现——提升写作力与表达力

应用练习

7.1 撰写商业计划书

第四步 我们的产品比别人厉害（竞争优势）

①说明产品或解决方案的优势或核心竞争力。
产品与众不同的地方是什么？
产品核心竞争力是什么？（与别人不同的地方在哪里？与以往相比有哪些改进？）
技术有没有门槛？（技术有没有专利、著作权等保护？是否受到知识产权保护？）
②与市场其他类似竞品进行对比分析。（选取关键维度做对比分析，要客观、真实。）

竞品分析
现在市面上的竞品都有哪些？
长什么样？
它们的优势和缺点都有哪些？
它们为什么样的用户而设计？

产品差异
我们的产品跟竞品最大的差别是什么（用户群体，针对场景，应用领域）？

优势分析
对比竞品，我们的产品在哪些方面（价格、功能、效率），比它们要强？

核心竞争力
为什么别人不能做到？
我们的成果有专利等保护吗？
别人要做到我们这样，需要付出什么？
竞争对手追赶我们需要多长时间？

7.1 撰写商业计划书

第五步 我们能让用户心动，秘诀是（用户价值）

①哪些人会付费购买？（付费用户）
②除了解决痛点外，我们还为用户创造了什么样的独特价值？
③有应用案例吗？用户体验如何？效果怎么样？
④我们的产品对于用户来说是有价值的吗？

应用效果

用户用了我们的产品后，问题解决了吗？
我们的产品是如何创造价值的？
我们准备用什么方式提高用户体验？

应用案例

有用户用了我们的产品吗？
有多少人用了？
用户使用之后，感觉怎么样，体验如何？

创造价值

我们能为用户创造什么价值？（经济、体验、社交）
我们准备用什么方式让用户感觉我们的产品是好的？（感知价值）

付费原因

客户的购买动机是什么？
他们跟使用者是同一个人吗？

第 7 章 路演与呈现——提升写作力与表达力

应用练习

第六步　我们如何与用户交易（盈利模式）

①我们卖的是设备，还是服务？
②有哪些方式是很适合我们销售和推广产品的？
③前期投入大吗？什么时候能实现盈利？

产品定价
我们准备卖多少钱？
是怎么定价的（基于用户分析，
他们愿意付多少钱）？
如何计算成本？

销售渠道
在哪里可以买到我们的产品？

推广方式
怎么让别人知道我们的产品？

在哪里赚钱？
我们可能从哪些地方获得收入？
（产品、增值服务等）

7.1 撰写商业计划书

第七步 我们团队很牛，我们能把这个项目做好（团队介绍）

①团队的人员规模和组成。
②团队主要成员的分工、背景和特长。
③成员能否胜任分配的工作岗位，是否匹配分工？
④团队的核心竞争优势（学生、老师、其他支持）。

外部优势
我们拥有什么其他的资源优势？（企业支持、技术指导、实验场地等）

指导老师
指导老师有谁？
他们的特长、经历、背景是什么？
他们指导了项目的哪些方面？
他们为项目带来了什么资源？

团队优势
我们的团队有什么是别人不具备的优势？
我们的理念是什么？
我们为什么在一起做这件事情？

创始人
团队的创始人是谁？
他们的特长、经历、背景是什么？
（与项目相关）
他们发起这个项目的缘由？

团队成员
团队里面还有哪些成员？
他们的分工是什么？
他们的特长、经历、背景是什么？

第 7 章 路演与呈现——提升写作力与表达力

应用练习

第八步 我们做了什么来证明我们是能行的？（目前阶段）

①我们经历了什么？（图片、视频）
②我们的产品做到了什么阶段？
③我们积累下了什么资源和经验可以支撑我们继续做下去？

项目经历
项目什么时候开始启动的？至今我们都大概做了什么事情？（时间线）

产品研发进度
我们的产品已经进行到哪一步了？（功能原型、样品、测试、实际生产）

社会影响
我们获得过社会报道吗？外界如何评价我们？

积累资源
前期积累了哪些资源？（资金、技术、场地）

应用练习

7.1 撰写商业计划书

第九步 未来我们打算这么干，一定能成功！（未来计划）

①未来我们要实现什么目标？
②接下来，我们还要做什么事情？
③我们将如何推进计划？

未来目标
我们理想中的目标是什么？

下一步计划
我们计划下一步要做什么？

需要什么帮助
我们遇到了什么瓶颈？
欠缺什么资源？

即将得到的支持
谁将会支持、帮助我们？
在哪些方面支持、帮助我们？

第 7 章 路演与呈现——提升写作力与表达力

小白创新实操日记——前往创新创业大赛比赛现场

在经历了长达数月的"魔鬼训练"后,辛苦的付出终于得到了回报,团队进入了决赛。比赛不只是单纯的竞争,更是磨炼自己的机会。他们抱着敢闯敢拼的信心与决心,踏上了前往创新创业大赛全国总决赛的征程。

 **分析工具**

7.2 路演技巧

项目路演是让听众理解你正在做的事，它是商业计划书展示的关键环节，有公开路演、一对一路演等形式。想要做好路演要注意内容和视觉的呈现细节，并掌握一些技巧。

- 严格把握时间分配（需要提前进行多次练习）。
- 路演方案需要反复修改和打磨，做好充分的准备，而不是寄希望于现场即兴发挥。
- 衣着风格的选择要与创业项目相匹配。
- 语言基本要求：吐字清楚、用词准确、语句连贯、无语病；语速适中、比正常说话略快；音量较大，有重点变化；有节奏、适当停顿。
- 语言尽量简洁、精练，少用"被过度使用"的词语，少夸大或过于武断。

- 结构清晰，风格统一。
- 逻辑恰当，讲好故事。
- 以简洁明了的图片、数据、表格为主，辅以凝练简短的总结性话语。
- 根据路演时间决定 PPT 页数，一般是 15~20 页，最多不超过 30 页。

- 仪态自然，情感充沛。
- 注意眼神交流。
- 用讲述的方式而不是呆板地念 PPT，演讲中增加互动，刺激投资者的兴奋点，带动投资者参与的积极性。

- 把握节奏，不平铺直叙，有详有略，重点突出。
- 多用有根据且有效数据说明问题。
- 结构完整，但模块顺序不必死板，可以根据项目需求修改顺序。
- 不断凝练项目的特点，力争用一句话甚至几个字说清楚项目核心。
- 如果能在一开始设计一个事件、故事或悬念引起观众注意，可以获得加分。

第 7 章 路演与呈现——提升写作力与表达力

小白创新实操日记——"我们获奖啦！"

7.2 路演技巧

故事后记

小白、小青与小智站在领奖台上，挥舞着奖杯，但他们明白：比赛获奖，只不过是创新之路的另一个起点。

从知道"**创新**"一词，到**寻找痛点**，从学会 **36 技**，**畅想解决方案**到明白用产品**为客户创造价值**；再到利用**最简可行产品测试**，**制造样机**，撰写商业计划书，上台路演……

一路走来，一次次地克服困难，不断摸索，直到站在舞台上，向每个人展示自己的成果，他们得到的不只是奖杯与荣誉，更是深植于内心的创新种子。未来，这种创新精神与创新能力将引领着他们走出一条与众不同的道路。

小白同学创新初体验——青少年的第一本创新启蒙书

附录

拓展阅读

拓展阅读

P 发现问题
Problem Discovery

[1] PORTER M. 国家竞争优势 [M]. 李明轩，邱如美，译. 北京：中信出版社，2012.

[2] DRUCKER P. 创新与企业家精神 [M]. 蔡文燕，译. 北京：机械工业出版社，2018.

[3] JOHNSON S. 伟大创意的诞生（经典版）：创新自然史 [M]. 盛杨燕，译. 杭州：浙江人民出版社，2020.

[4] 日经 BP 社. 黑科技：驱动世界的 100 项技术 [M]. 艾薇，译. 北京：东方出版社，2018.

[5] RIDLEY M. 创新的起源：一部科学技术进步史 [M]. 王大鹏，张智慧，译. 北京：机械工业出版社，2021.

[6] JUMA C. 创新进化史：600 年人类科技革新的激烈挑战及未来启示 [M]. 孙红贵，杨泓，译. 广州：广东人民出版社，2019.

[7] GOLEMAN D, MCKEE A. 同理心 [M]. 马欣悦，译. 北京：中信出版社，2020.

I 创新方法
Innovating Method

[8] 李葆文. 诚外无物　匠韵绝伦：工匠革新 36 技 [M]. 北京：冶金工业出版社，2017.

[9] 周苏，张丽娜，陈敏玲. 创新思维与 TRIZ 创新方法 [M]. 2 版. 北京：清华大学出版社，2018.

[10] 郭金，隋欣. 轻轻松松申请专利 [M]. 北京：化学工业出版社，2018.

[11] BROWN T. IDEO，设计改变一切 [M]. 侯婷，译. 沈阳：万卷出版中心，2011.

R
创造条件
esource Accessing

[12] 池本正纯. 图解商业模式：企业如何高效经营，提高利润 [M]. 耿丽敏，译. 北京：人民邮电出版社，2018.

[13] OSTERWALDER A, PIGNEUR Y, BERNARDA G, et al. 价值主张设计：如何构建商业模式最重要的环节 [M]. 余锋，曾建新，李芳芳，译. 北京：机械工业出版社，2015.

[14] SIERRA K. 用户思维+ 好产品让用户为自己尖叫 [M]. 石航，译. 北京：人民邮电出版社，2021.

[15] GARRETT J. 用户体验要素：以用户为中心的产品设计 [M]. 范晓燕，译. 北京：机械工业出版社，2019.

[16] RIES A, TROUT J. 定位：争夺用户心智的战争 [M]. 顾均辉，译. 北京：机械工业出版社，2015.

T
验证执行
esting & Executing

[17] KNAPP J, ZERATSKY J, KOWITZ B. 设计冲刺：谷歌风投如何 5 天完成产品迭代 [M]. 魏瑞莉，涂岩珺，译. 杭州：浙江大学出版社，2016.

[18] RIES E. 精益创业：新创企业的成长思维 [M]. 吴彤，译. 北京：中信出版社，2012.

[19] 苏杰. 人人都是产品经理：写给产品新人 [M]. 北京：电子工业出版社，2017.

[20] 张进财. 打动投资人：直击人心的商业计划书 [M]. 北京：清华大学出版社，2019.

[21] MCEIROY K. 原型设计：打造成功产品的实用方法及实践 [M]. 吴桐，唐婉莹，译. 北京：机械工业出版社，2019.

参考文献

[1] HUNT D, NGUYEN L, RODGERS M. 专利检索：工具与技巧 [M]. 北京市知识产权局，编译. 北京：知识产权出版社，2013.
[2] 鲁百年. 创新设计思维：创新落地实战工具和方法论 [M]. 2版. 北京：清华大学出版社，2018.
[3] 李葆文. 诚外无物　匠韵绝伦：工匠革新36技 [M]. 北京：冶金工业出版社，2017.
[4] 吴隽，邓白君，王丽娜. 从0到1一起学创业 [M]. 天津：南开大学出版社，2019.
[5] OSTERWALDER A, PIGNEUR Y. 商业模式新生代（经典重译版）[M]. 黄涛，郁婧，译. 北京：机械工业出版社，2016.
[6] MCEIROY K. 原型设计：打造成功产品的实用方法及实践 [M]. 吴桐，唐婉莹，译. 北京：机械工业出版社，2019.
[7] UIRICH K, EPPINGER S. 产品设计与开发 [M]. 杨青，杨娜，译. 北京：机械工业出版社，2018.
[8] 吴隽，李葆文，陈树秋，等. 创新小白实操手册 [M]. 北京：机械工业出版社，2020.
[9] 邓白君，黄洁琦，曹继娟，等. 创业小白实操手册 [M]. 北京：机械工业出版社，2020.
[10] WEBB N. 极致用户体验 [M]. 丁伟平，译. 北京：中信出版社，2018.
[11] SKARZYNSKI P, CROSSWHITE D. 创新方法：来自实战的创新模式和工具 [M]. 陈劲，蒋石梅，吕平，译. 北京：电子工业出版社，2016.
[12] KALBACH J. 用户体验可视化指南 [M]. UXRen翻译组，译. 北京：人民邮电出版社，2018.
[13] RIES E. 精益创业：新创企业的成长思维 [M]. 吴彤，译. 北京：中信出版社，2012.
[14] 蔡赟，康佳美，王子娟. 用户体验设计指南：从方法论到产品设计实践 [M]. 北京：电子工业出版社，2019.
[15] 苏杰. 人人都是产品经理03（创新版）：低成本的产品创新方法 [M]. 北京：电子工业出版社，2020.
[16] PATTON J. 用户故事地图 [M]. 李涛，向振东，译. 北京：清华大学出版社，2016.
[17] SLYWOTZKY A, WEBER K. 需求：缔造伟大商业传奇的根本力量 [M]. 龙志勇，魏薇，译. 杭州：浙江人民出版社，2013.